サルはさよならを言わない

――「共生」社会への視座――

木村光伸

目次

はしがき

サルを眺め暮らして早や五十数年が過ぎて、サルを通して自然を考え、さらに自然と人間との関係を思い描くという私自身ののんびりとした学問への志向は、世の中から見れば、科学を志す姿勢ですらなくなったと見做されてすでに久しい。現代という時代は「人新世（じんしんせい）」とやらに入っているそうだ。人間の活動が地球史の中でその物理的存在に多大で決定的な影響を持ち、地史学的な時代区分の一つとして顧慮しなければならないような状況をもたらしているというのである。人間の存在が地球とその惑星としてのあり方に決定的に関与する。そういう時代にあって、否、そういう時代だからこそ、私は私自身が見つめてきた自然のあり方とそこから得た私自身の自然への憧憬を記憶に留めておくべきだと思うようになった。それが本書を世に問う理由である。とはいうものの、この本を契機として、「人新世」へのあるべき理解が進んだり、読者の人間観や世界観が一変することなどはほとんど期待されないと思う。それでも私にとってこの本が自己反省の遅ればせながらのスタートとなるであろうことは、私自身が今、一番確信しているところなのだ。

過去の作文をいろいろと捻くり回すうちに、目次のような形式が出

来上がった。私自身の雑多な「ものおもい」のまさに試行錯誤の中で、自分なりには継続的に考え続けてきたと思っていることどもをいくつかのカテゴリーで並べてみたところ、なんとなく目次のような前後関係が出来上がったので、大きく三部に分けてみることにした。

第一部は「生態観察から進化観の構築へ」である。主としてニホンザルの社会的な生き方を、とりわけ子どもからの発達過程に即して考察するということを中心に、そこから明示されるサルの社会性ということを考えてみた。サルの個体それぞれが持つ個体性あるいは社会性の問題を、種の生活（ニホンザルの場合だと具体的には群れの中での生き方）が示している共同性（一緒にいるということの意味）を通して突き詰めてみたということである。その中では「教育」という概念をも考慮してみた。人間社会とりわけ先進諸国において人間のあり方を規定する現代の「教育」観は、何よりも人間独特のものであるという感覚で捉えられがちであるけれども、サルの生き方に繋がるような理解の仕方も考えに入れておくべきであろう。それは何もサルが人間のような教育を受けて生活レベルを充実させるというようなことではなくて、私たちが何気なく教育と呼んでいる行動の体系の中に、生物として持っている自己発達の有用な要素が含まれているということを理解したかったからである。

そこから発展して私が考えようとしたことを第二部「共生概念の再検討」として取り纏めてみた。共生という概念は現代社会のあり方の根本精神と理解され、人間社会では共存の原理として、生物一般においては生物多様性から始まる自然の構成原理として理解されている。私はその人間社会と自然界が有する生物多様性との関係を、とりわけ中南米のホエザル社会のあり方をモデルに考えてみたのである。ホエザルという日本人にとっては見慣れないサルの生き方が、共生社会の基本原理を解き明かす素材になるということは、従来からあまり考慮されてはいなかった。しかし、広く中南米の熱帯雨林地帯を覆う数種のホエザルの群れのありようは、ホエザルそれ自身の個体間や群れ間の関係によって、多様な共生のあり方を垣間見せてくれるのだ。そしてそこにも生物としての社会性、共同性を通して明示される共生という事象が認められる。

共生という用語で語られることの中には、対象とする生物的自然、あるいは生物多様性という言葉で置き換えてもよいのだが、そのような生物的自然を構成している多数の種における諸関係ということが含まれる。そのような関係性を詳らかにしていくことはとても大切なことであるが、それらの全体を眺めているもう一方の主体たる私、すなわち人間との関係性を問題にするという立場もまた、共生を考えるということの重要な視点なのである。

第一部と第二部で明らかにしたそれぞれの論考は私の長い研究者生活の道程をそのまま辿るものであったわけで、たとえば野外調査に出かけるたびにその短報やエッセイとして公開してきたのであるが、残念ながら決して広範に周知されてはこなかった。私自身の学界活動への消極的な接近態度が、私の学問意識を小さな枠の中に閉じ込めていたということである。とはいうものの、今回このような形で私なりの取り纏めをすることで、自分自身でも初めて私の調査の意義がほのかに見えてきたということでもあって、そういう点においても、これまでの個々の著述を超えてこの本に纏めるということには意義があったと考えるところである。

第三部「人を考える総合的な視座」は私のサル観察人生を通して考え続けてきたことや、そこから発展した「人間らしさとは何か」という問題を取り上げた。その原点にあるのは、サルを観察しつつ人間を考え、人間の文化的存在に思いを致しつつサルの世界に戻って生物としての歴史的過程を辿ってみるという誠に悠長な、そしていわゆる哲学的な方向性とは一筋も二筋も異なる思弁のありようであったと思うのである。はたしてその時の私は自然科学の徒であったのか、それとも、長い自然研究と思索の道程の結論として、晩年に至って科学を捨てたと自称した、日本霊長類学の祖、今西錦司先生のような自由人であったのか、私自身も判然としない。

しかし私は問わねばならない。共生社会はどこを目指すのか、と。

私が大学人として働かせてもらった長い研究者人生の最後

フィールドで自然と交わり、そこに生きる人々と関わることで、人間関係を含めた「共生」を感じとってきた。左:コロンビア、右:新疆ウイグル自治区にて。

の一〇年間は、日本にとって反省と後悔と、新たな世界への挑戦と挫折との時代であったように思う。とりわけ3・11の大震災と破滅的な原発事故（事故というより組織的な科学犯罪と言った方がよいか）は私たちの生き方そのものに、NO！を突き付けたのである。それは科学のありようを問い直したものであったが、同時に、自然をどのように捉えることがこれからの私たちの生きる道として相応しいのかということを問いかけたものでもあったのではないか。

だからこそ、重ねて私は問わねばならない。これからの共生社会はどこを目指すのか、と。

本書の中から、どうか私の思いをくみ取っていただきたいと願うものである。

第一部

生態観察から進化観の構築へ

1 自然のありようを考えて五〇年

森の中でサルを見る

今から五十数年前に私は森林生態学という生物的自然を考える科学に出合った。それは森林というひとまとまりの自然を構成するあらゆる生物種の集団全体を、その周囲や背景にある環境としての無機的世界とともに考察するという何とも掴みどころのない学問であるように、当時の私には感じられた。しかし、その中で私の先輩たちや仲間たちは、樹木の研究を、あるいはクマやニホンカモシカなどの哺乳類の調査を、あるいは昆虫を、ミミズを、さらには微細な土壌動物など、森林環境のあらゆる場面で出くわす生き物を相手にした生態学的な調査を、多様で自由闊達に展開していったのである。同時に彼らの一部は自然と人間との関係を重視して、経済的に、あるいは自然づくりや環境デザインの方法論の模索へと興味関心の範囲を拡大していった。それまでの林学（森林科学）は森を木の集合体として捉え、その成果の大半は林業経営に資するものとして構築されていたのであるけれど、森林を地球を支える大きな環境空間として捉え、そこに共生する構成メンバーであるあらゆる生物を研究対象とすることで、森の研究のあり方を根本的に見直そうとしていたのが私の師である四手井綱英教授（1911-2009）であった。四手井先生は京都大学において実践科学であった造林学（植林学）を、科学的背景を明確にした森林生態学へと改め、その学問的広がりを大きくするとともに、生命研究に基礎づけられた林学を構築しようとしておられた。私は四手井先生の周辺をうろうろしながら、私自身の研究対象をニホンザル *Macaca fuscata* に決めて、一九七〇年から宮崎県の幸島（こうしま）で観察を始めたのである。思えば、それから五〇年にわたって、私の研究生活はサルから離れることはなかった。だが同時に、そのようなスタートを切ったからこそ私の関心事は単にサルの生態からサルの社会学、さらには人類進化へと、いわゆるサル学から人類学という世間で常識的なサルの研究者の道を直線的に進むことはなく、紆余曲折を繰り返しながらも、自然のあり方全体に思いをめぐらすような思索の歴史となり、今の共生社会のあり方を問う姿勢へと繋がってきたのである。そういう意味では私はサルから離れることはなかったけれども、いわゆるサル学者とは少しばかり異なった道を歩んできたことになる。そういう違いが私にサルを見ながら森林のあり方を考えさせ、またサルを考えつつ人間社会・地域文化への関心を繋がせてきたのであろう。もちろんサルを観察していると、さまざまな局面でヒトの進化へ連なる視座を持たざるを得なくなるし、サルとヒトの比較という途轍もなく面白いテーマに直面するわけであるから、私自身にも、私が森林研究者なのか人類学者の一員なのかが判然としなくなるという状況が生じるのは仕方がないことかもしれない。しかし私はどこまで行ってもサルの生き方と森林のあり方を通して自然を学び、自然の構造としての共生を考え、そしてそれがやがて人間の生き方としての共生を学ぶ姿勢へと繋がるようなスタンスを持ち続けてきたつもりである。今回、私の最近の思索を取り纏めたものを一冊の本にするにあたっても、これまで調査を続けてきたニホンザルや中南米に生息するサル類の社会のあり方の考察と並行して、サルと森の関係論、サルから離れ人間を観察した結果から考えた少数民族の社会や文化についての論考、現代社会が抱える諸問題を共生という視点で捉え直した考察などを紹介することとした。あまりにも雑多な展開であるから、一つのまとまりを持った研究という具合に理解していただくことは困難かもしれない、と私自身も思わないでもない。しかし私の研究者として生きてきた道筋が、現実にこのようなものであるから、それをそのままに自己表現することが、私にとっては必要不可欠であったのだ。どうぞ私の学問観を裸にして見ていただきたいと思うのである。

ニホンザル研究の初めから

初めて幸島のサルを観察し始めた頃、私はそれまでのニホンザル研究の成果に圧倒されて、初期のサル学者のまねごとをしていたような気がする。

幸島のサルたちは一九五〇年頃から生態研究の対象となり、日本のサル学を牽引する役割を果たしてきた。それらの研究の一つの道筋として設計図を描いてきたのが今西錦司先生であった。今西は学生時代から昆虫分類学（とくに河川・渓流のカゲロウ類の生態と分類）を専門としていたが、そこから山岳、森林、探検による地域研究、さらには人間社会へと、自然への発想を大胆に拡大していった。そのプロセスは分類から生態へ、自然科学から人文科学へという道程として理解することも可能だろう。最終的には近代科学という還元論に基礎づけられた考え方には満足できず、山岳経験をベースにした自然学や「種社会」「変わるべくして変わる」

という概念を用いてチャールズ・ダーウィン C.Darwin 流の生存競争や適者生存とは相いれない進化観を提唱した。いわば異端の徒でもある。その今西がサルを研究するにあたって念頭に置いたのは人間社会の起源であり、哺乳類における種と集団（群れ）と個体の関係であった。そういう意図もあって、都井岬のウマや奈良公園のシカ、家畜としてのカイウサギなどとともに、野生のニホンザルが研究対象とされた。とくにサル類は原始的なサルの仲間から大型の類人猿に至る広範な近縁種に恵まれており、ヒトも同一分類群の一部であることから、自然と人間をつなぐ絶好の研究対象だと考えられたのであろう。そこでニホンザルの研究が開始された。

研究の初期において、とりわけ注目されたのがサルの群れには複雑な内部構造が認められるということであり、それは「社会」という人間のあり方を彷彿とさせる学術用語で表現された。さらに人間以外にも文化があるという事例を幸島のサルたちが示してくれたということで、ニホンザルの存在はますます人間を考察する素材として関心の対象となっていったのである。前者については今西に師事した伊谷純一郎による高崎山のサルの観察から、リーダー性、順位制、血縁性などに基礎づけられた社会構造論（群れの中心部と周辺部などというようないわゆる二重同心円構造）が提唱（伊谷 1954）され、その後の霊長類の社会構造論とそれに基礎づけられた霊長類の進化モデルとなっていく。サルの文化に関してはいくつかの観察事例や野外のフィールドにおける実験的観察などが積み上げられた。とくに幸島のサルの中に「イモ洗い」という奇妙な習慣が広がり、幸島のサル全体の共有的な文化事象となっていった経過が、河合雅雄によって時系列的に纏めて紹介されている（河合 1964）。

「イモ洗い」が発見されたのは一九五三年のことであった。当時一歳半であったメスの子ども(個体番号111)が、幸島の海辺の浜に撒かれて砂まみれとなったサツマイモを、砂浜にある小さな流れの水で洗って口にするということを始めたのである。この子ザルは、その栄誉をたたえられて「イモ」と命名された。私が幸島へ調査に行った時にはもう彼女は老齢個体となっていた(図1)が、毎日元気に顔を見せてくれた。イモが始めたこの行動は、その後同年齢の仲間、その母親たち、そのメスが産んだその後の子どもたちへと、次々に伝播して拡大し、群れの大半に定着した。ただしイモが始めた当時にすでにおとなであったオスたちは最後までこの行動を習得することができなかったようである(図2)。集団の中で始まり、集団の中に広がり、定着する、というのが文化のありようを指し示す、すなわち文化の古典的かつ通俗的な定義であるとするならば、この「イモ洗い」はやはり文化と呼ぶほかない。人間のそれと差別化するために、前文化とか先文化などと呼んでもよいが、本質は何も変わらないだろう。サル

図2. 海岸の海水で「イモ洗い」するサルたち。中央のメスは両手できれいに洗っているが、左端の8歳の「サル」と命名されたオスは左手に持ったイモで水をかき回すだけで、洗うという意味がよくわかっていないように見える。サルの「文化的」行動もこのように形骸化するのだろうか。

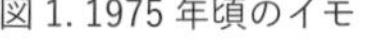

図1. 1975年頃のイモ

の側から提案されたこのような文化論は、文化人類学の世界ではすこぶる評判が悪かったようで、当時の学会でサルの研究者が登壇すると、あちこちから苦笑が漏れたといわれる。それでもサル学者たちは大真面目であった。

私が調査を始めた頃は、すでにこのようなサル学の黎明期を過ぎて科学的思考法が広がりつつあった（図3）。行動の詳細な記述研究、採食にまつわるサルと森林の関係を考える生物経済学的研究、群れの中のサルの個体相互の社会的関係の研究などがそれである。「面白い」だけで評価される時代はとうに過ぎていた。それでもサルの話題はマスコミ受けする愉快なテーマであったし、それゆえに本質を離れて面白おかしく書かれてしまうというような側面があった。同時にサルの社会的やり取りが政治の世界の人間関係を彷彿させるように紹介されることもあり、相変わらず科学を装った怪しげな文化論として横行するという困った状況を作り出していた。それは現在でも続いていて、サルの話題を人間の社会生活や政治のあり方に援用して揶揄するような表現はまだまだ少なく

図 3. 1975 年頃の幸島のサルたち。多くの研究者たちは島の砂浜で観察することが多かったが、私は常にサルの後を追って森の中のサルを見ていた。

ない。私がこの稿をしたためている現在も、そのような話題には事欠かない。先日はニューヨークの新聞が高崎山のボスザルについてのかなり長文の記事を掲載していたようだ。私なりに理解した内容はこうだ。

たくさんのサルが生息している高崎山の一つの群れ（C群六五〇頭）では、メスのボスザルが誕生した。一般にニホンザルのボスはその群れの最優位のオスであるが、それはオス同士の優劣争いの結果として登場するとされる。ところが今回そのボスザルには思いを寄せるメスザルがおり、それがめっぽう威勢が良い。ついには当のボスザルをも動かすほどの力を持ってしまい、今では麦やサツマイモなどの餌をもらう食事時には、すっかり中心部に陣取って、もともとのボスであったオスはその周辺に逼塞しているというありさまなのだ。サルの社会も女性の社会進出著しい昨今である――。

ここには多くの疑問ワードがある。たとえば、ボス、最優位、優劣争い、思いを寄せる、中心部、周辺などなど。また事実関係をみれば、このボスとされているメスザルが群れの他のサルを統率することもなければ、このメスの意向で群れが移動するところも観察されるわけではない。つまりニホンザルにおいてボスとは何かということが一向に鮮明にはならないのである。それでも今日も高崎山の餌場（高崎山では寄せ場と言う）では「このメスが日本初のメスのボスザルなんだよ」という観光客向け解説が流れているのだ。日常的に擬人化された表現で動物を扱うのはマスコミでも普通の市民でも同じだけれど、本当なら動物のしぐさや行動に関して人間生活で使う用語を当てはめるには相当の注意が必要である、と私は思う。それが科学的な考察をするための基本条件であるだろう。残念ながら昨今のマスコミなどでの動物の紹介の仕方にはそのような配慮を欠くものが散見される。それは昔からそうなのだが、研究者の側の無用なリップサービスの結果であることも少なくない。

それでも第一期の研究者たちは研究成果の紹介を通して社会への還元を重要視していたと言えよう（図4）。そこからいくつもの一般の読者向けの単行本が出され、それとともに日本のサル学は市民にとって馴染み深いものとなっていった。しかし研究者たちの科学的精神が正しく伝えられたかというとそうではなかったようである。さらにそれに続く世代の研究者たちにはそのような学問を切り拓く気負いや市民へのサービス精神が欠落していく。最初期からの指導者であった今西はそのような時代変化を見て次のように残念がっていた。

いまは物や金が豊かになっているばかりではない。一九五六年に発足した財団法人日本モンキーセンターや、一九六七年に設置された国立の霊長類研究所（木村注・京都大学霊長類研究所。研究上の不祥事が重なって二〇二二年に廃止された）もあることだから、その気にさえなれば、いくらでもサルの研究に没頭できるはずなのだ。もっとも私は、

図4．進化に関する独自の考え方について講義する今西錦司先生（京都大学霊長類研究所にて、1980年頃）

そうした恵まれた研究の場を与えられている研究者たちが、研究をサボっているとも思っていないし、次々に優れた成果の発表されていることも、よく承知しているつもりなのだが、そういう研究の場に身を置くと、どういうわけか、若い人たちまでがみな早くから学者面するようになって、型にはまった論文なら書けるけれども、もはや精彩にみちた「動物記」のようなものは、書きたくなくなるのか、あるいは書きたくても書けなくなるのではないだろうか。

嘲ることをやめよ、サルの研究といえども、いまに一人前の学問にしてみせるぞ、とそのころのわれわれは気負っていた。モンキーセンターも霊長類研究所も、みなそのために必要だからつくらねばならないと、考えていたのである。かくしてようやく日本のサル学が、堅気な学問の世界に仲間入りすることができたとき、われわれはそこに、われわれといささか精神構造を異にした、われわれの後継者を見出したのである。道を誤ったのかもしれない。

（今西 1971「日本動物記」の再刊によせて）

とはいうものの、最近では、今西の危惧を超えて、第三世代以降の著作が知られるようになった。たとえば、山極寿一『サルと歩いた屋久島』（山と渓谷社 2006）、高畑由起夫・山極寿一編『ニホンザルの自然社会』（京都大学学術出版会 2000）、辻大和・中川尚史編『日本のサル』（東京大学出版会 2017）、あるいは Nakagawa et al., Eds., The Japanese Macaques（Springer 2010）などである。また、今西・伊谷の直系の弟子であった伊沢紘生は、彼が野生の世界で見た独自のニホンザル論を展開した『野生ニホンザルの研究』（どうぶつ社 2009）を世に問うている。いずれも地味だし、いわゆる専門書あるいはそれに近い書籍なのであって、なかなか一般の読者の手には届きにくいのかもしれないが、ニホンザルの研究史を語るうえではいずれも重要な文献である。このような成果がかつての今西の嘆きと期待を超えて、日本のサル学をもう一度世界の表舞台に押し出してくれる日は近いのだろうか。さらに、私自身のサル学への関心がそのようないわば表舞台の研究とどこかで取り結べるのであろうか。

日本のサル学で気になることなど

私は今西たちのサル学とその後の世代への展開の中に、いくつかの問題点を感じている。その内容については次章以降で展開していくつもりだが、ここでも少し触れておきたい。

私たちの世代がサルの調査を始めた一九七〇年頃は、ちょうど野生のサルの行動に若手研究者の注意が集中していた時期であった。それは、自然の中を自由に遊動するサルたちこそが、種本来の行動様式を示してくれているという前提を思い描いてのことであった。逆に言うならば、それまでのサル学の多くが餌付けされて遊動域の一部で個体数を肥大させているような群れの中での行動を基に研究さ

図5．森林の中の群れ本来の行動域で生活するニホンザル

れてきたということに対する反論であったとも言える（図5）。

サルの本来の生活を見ることで彼らの個体性や社会性を掴むというのは、サル学を人間的な予断を除いた環境で研究するということであった。それはこの学問が始まった当初から理解されていたことであったが、日本の森林の中で、自由に行動する野生の群れを捉え、観察し、個体同士の諸関係を記述するということの困難さに、どうしても餌付けされた群れを対象とせざるを得なくなったという現実の結果をもたらしたのである。ある程度やむを得ないことではあったけれども、後章で私が問題にするように、観察から理論化への道程において、さまざまな夾雑物がサルの相互交渉のプロセスを評価する道筋を邪魔することが少なくなかったのではないかと思われる。この問題については、少なからぬサル学者たちが気づき、また観察という行為をより科学的に、精緻に、客観的に表現する方法を模索し続けてきたことも事実である、とくに先に紹介したニホンザルに関する数々の成果物にはそのような努力が満載されている。それでもなお、サル学の科学性が時として揺らぐのは、サルの社会生活に関わる概念定義のあいまいさ、粗雑な用語使用などが無くならないからである。そういう点をすっきりとさせるべく事実の客観的な観察を大切にしながら、サルのこと、ヒトのこと、社会性のこと、共生のことなどにアプローチしていくことにしよう。

2 サルから何を学ぶか

研究対象としてのサルたち

一口にサルとか霊長類と言っても、世界には多様な形態と異なった生活や行動を見せる多くの種類が、地域と生態特性に合わせて豊かに生息している。その中で私が研究対象としてきたのは、いわばほんの一握りに過ぎない。それらをサル類研究の代表モデルとしたことには少々注釈をつけておく必要があるだろう。

そもそも霊長類（サル類）というのは哺乳動物の代表選手のように語られることが多いけれども、それはその中に人類が含まれているからに他ならない。その一点を除けば、いつの時代にも、サルの仲間は森林をうまく活用して生き延びてきたちょっと変わった哺乳類に過ぎなかった。そして長い年月をかけて、森の生き物であったサルの一部が木を降りて、多様で異なった環境世界へと生活の場を拡大させていったのであり、その代表選手がヒト *Homo sapiens* なのである。だから霊長類の大半は今も主として熱帯雨林の中で暮らしている。世界に広く分布するとは言ったものの、そこには一定の制限があり、霊長類の多くの種は熱帯地域の森林とその近傍のより乾燥した疎林や草原に生息し、そこを遠く離れることはどうやらできなかったようなのである。新しい環境へ適応する際には、食物も、生活の場も、何もかも新しい場面に遭遇し、それに馴染んでいかなければならなかった。そこで体つきや生理的な生活様式にもそれぞれの個性が表れてきたというわけで、それが現在の世界に広く分布するサルたちの多様な特徴を生み出していたのである。その一つ一つの特徴を持つ纏まった集団を生物学では種（しゅ）と呼ぶ。霊長類の分類学者たちはそれがいったい何種類なのかについて長年にわたって議論してきた。そして現在ではほぼ四百数十種程度ではないかというところで落ち着いているが、研究者によって見解はまちまちである。私自身は、そんなに細かく分けることに大して魅力を感じてはいない。種を分けることを突き詰めていくと、いずれは生息している地域ごとの微細な違い（これを地方変異という）や、果ては個体の小さな違い（個体差）にまで目を向けなければならなくなり、ともすれば種が持つ「ひとまとまりの集団」という概念がおろそかになりかねない、と私は思う。

今からおよそ六五〇〇万年前、現在のメキシコ湾ユカタン半島のあたりに衝突した巨大隕石により地球環境が激変し、恐竜類の絶滅を引き起こしたらしい。その大惨事の被害は恐竜にとどまらず、それまでの時代に世界中を席巻していた多くの動植物に及び、彼らの消滅した後には、生物が生活できる条件が整っているにもかかわらず、利用者がいない空間が広がっていたのである。それまで恐竜たちの陰でひっそりと暮らしていた種の中には、もとの生活種の欠けた空間に進出するものが現れ、霊長類の祖先たちもそのような新たな利用者として当時の大陸の暖かい気候に馴染んでいったのであろう。

霊長類の祖先は今でいうところの北米大陸のどこかで起源したらしいのであるが、かつて地球上の大陸は大きなプレートから少しずつ分かれて、地球の表面上を移動していったと推測されている。いわゆる大陸移動説である。だから、霊長類の起源の地が北米のどこかであったとしても、現在の地理的なイメージとは必ずしも重ならない。むしろ、霊長類の多くの種が生活上の拠点としてきた熱帯雨林の変遷を考えることの方が重要であろう。化石の資料や現生霊長類の分布状況によれば、霊長類はアフリカとアジア（コロンブスの時代以前から知られていた地域ということで、旧世界と総称される）で繁栄を遂げ、種分化し、多様化してきたのであり、その過程でニホンザルのように熱帯の森林を離れ、今や北限のサルと呼ばれるようになったものも現れてきた。そういう点から見ればニホンザルの生態は霊長類が新たな環境へ適応していった道筋を反映したものであり、霊長類の多様化とそれでもなお霊長類ならしめている生活上の特徴を色濃く残しているといえるのではないか。私が生活上の環境との関わりでニホンザルに執着する理由の一つはここにある。もちろん日本にいて身近に見ることのできるサルというのが最大の魅力ではあるのだが。

もう一つ、霊長類の進化と適応放散のプロセスで注目したのが、中南米に生息するサルたち（新世界ザルと総称される）の生活であった。アジア・アフリカの熱帯雨林を中心に活動の場を拡大していったサルたちの一部がどのように中南米に渡って行くことができたのか。さらには中南米のサルたちがどこまでも熱帯雨林での生活に固執しているのはなぜなのか。この謎を解くカギはアマゾンを始めとする中南米の熱帯雨林の中にあって、そこで生きるサルたちを観察することによってのみこの難問を解くことができるのである。とはいえ、熱帯雨林の現場の中でサルを見ていても、進化とか適応放散という事柄が具体的に見えてくるということはほとんどない。だからこそ、今そこに生きているサルたちの行動や生態のありようを一つ一つ地道に見続け、そこから生活上のヒントを探るほかはないのだ。私が五〇年の野外調査の大半を熱帯雨林に執着してきた理由がそこにあった。

ニホンザルと中南米の森に暮らすサルたち。全く異なった対象に見える両者が、私にとっては、サルと自然環境の関係を、生活という視点で解き明かすためのそれこそ生きた教材であったのだ。

霊長類の分類

さて、恐竜たちが絶滅して以降の時代を地質学では新生代と呼ぶ。この時代は顕花植物（花を咲かせ種子を生ずるような植物の総称）が繁栄し、花に引き寄せられるような昆虫類が爆発的に増加した時代であり、哺乳類の種分化が進んだ時代でもある。そんな時代にあって霊長類の仲間は、食虫類（モグラの仲間）や翼手類（コウモリの仲間）とともに、哺乳類の最初期のグループ（したがって古い形態を持つ動物として）として、地球上にその分布を拡大させていった。その中でも最も古いグループは今でも私たちがイメージするサルらしくない形態と生活様式を有し、アジア・アフリカの熱帯の森林で暮らしている夜行性の動物である。それらを総称して原猿類（曲鼻猿類）などと言ったりする。もっともその中にはマダガスカル島にのみ生息するキツネザルの仲間のように昼行性のサルもおり、大きな群れを持つものも存在する。新生代の古い時期に彼らとは別の道を歩み始めたもう一つのグループは直鼻猿類と総称され、それはメガネザルの仲間と真にサルらしいサルの仲間（真猿類）に大別される。真猿類はこれまた狭鼻猿類と広鼻猿類に二分されている。私たちがサルと呼んでいるのは最後の狭鼻猿類と広鼻猿類の全体であって、前者（狭鼻猿類）はアジア・アフリカ（すなわち旧世界）に生息するサルたちを指し、後者（広鼻猿類）は現在の中南米（コロンブス以降の新世界）

に広く分布するサル類の全体を含んでいる。新世界に生息するサルたちがどのような経路で旧大陸から渡来したのかについてはまだまだわからないことが多い。旧世界で時代とともに分化して新しい種を生み出してきた霊長類の仲間は、いわゆるサルらしいサルから、類人猿（現生のものでいえば、チンパンジー、ゴリラ、ボノボ、オランウータン、あるいは多種のテナガザルの仲間）を、さらにはヒト科の種を生み出してきた。私たちヒト *Homo sapiens* はヒト科生物の中で最後に生き残った種なのである。次頁に霊長類全体の分類を挙げておこう。

霊長類の分類（IUCN 国際自然保護連合 Redlist に依拠した分類）

曲鼻猿亜目 原始的なサルの仲間の総称（いわゆる原猿類） たとえば鼻鏡（鼻先）が濡れているなどの特徴がある

直鼻猿亜目 いわゆるサルらしいサルとヒト・類人猿など（真猿類）、及びメガネザル科メガネザル属の仲間を含むメガネザルは、かつては原猿類の一部とされていたが、真猿類に近い存在として分離

メガネザル下目

メガネザル科 メガネザル属

狭鼻猿類 アジア・アフリカに生息するサルの仲間

オナガザル科 メガネザル属

オナガザル亜科 ニホンザルを含むマカク属 ヒヒ属 アジア・アフリカの多種のサル類 など

コロブス亜科 コロブス属 リーフモンキー類 ラングール属 など

ヒト科 ヒト（ホモ・サピエンス） チンパンジー ゴリラ ボノボ オランウータン

テナガザル科 テナガザル属 フクロテナガザル属 など

広鼻猿類 中南米にのみ生息するサルの仲間

サキ上科

サキ科

ティティ亜科 ティティ属

サキ亜科 サキ属 ヒゲサキ属 ウアカリ属

オマキザル上科

クモザル科

ホエザル亜科 ホエザル属

クモザル亜科 クモザル属 ウーリーモンキー属 ウーリークモザル属 ヘンディーウーリークモザル属

オマキザル科

オマキザル亜科 オマキザル属 フサオマキザル属 リスザル属

ヨザル亜科 ヨザル属

マーモセット亜科 ゲルディーモンキー属 タマリン類 ライオンタマリン属 コモンマーモセット属 マーモセット属

科学としての霊長類学

第二次世界大戦後、学問の価値づけが困難な時代に、ニホンザルの観察を通して彼らの社会構造を知ろうとする試みから始まった日本の霊長類学は、二〇世紀末には現生霊長類のほぼすべての分類群を対象とし、生物学のあらゆる分野の研究方法を戦略的に展開する総合霊長類科学となった。生態学的な意味での野外研究（狭義のサル学）という分野はすでに霊長類学のほんの一部分に過ぎなくなり、遺伝子研究に基礎づけられた実験諸科学と近代装置で武装された古生物学などの支えなしには、独自の理論的展開が困難な状況にある。「双眼鏡の向こうに野性の世界を見る」などというロマンティックだが曖昧な観察論文で現代科学の一員の立場を守れるはずもなく、野外研究もまたその精緻化を迫られて久しい。霊長類学を取り巻くそのような情況の推移の中で「サルを知る」ことの意義はどのように理解され、評価され、また再認識されてきたのだろうか。

日本のサル学がニホンザルの調査研究を通して解明を試みたいわゆる社会構造論では、霊長類社会を記述するための多くの概念と用語が提出されてきた。それらは、しかし、自然科学全体の共通語としてではなく、サル学と現実的な人間社会を繋ぐアナロジーのための記述形式として重宝されたという意味合いが強く、科学的に厳密な用語として定着したとは言い難い。そのためにサル学独自の発想は、科学という舞台以上に、マス・コミュニケーションと連動して社会に拡散されたと言ってよいだろう。それほどにまたサルの社会行動は、人間にとって「面白かった」のだ。この「面白い」という感覚は一見非科学的であるようにも見えるけれど、私はこの「面白い」という受け止め方の中にこそ、日本のサル学の本質と根源的な問題点が内包されていたのだと考えている。「サルを見て自らを振り返る」という行為が、「人の振り見て我が振り直せ」ということと同様に、人間規範の問題として理解されたのだとも言えるかもしれない。ふた昔前のテレビコマーシャルにあったように「反省だけならサルでもできる」のかどうかはともかくとして、それは科学としてのサル学が日本で誕生して以来の宿命であったのだ。

とはいうものの、サル学は人間社会の原初形態を追及するための証拠探しとしても重宝された。今西が主宰した霊長類研究グループは、人間家族の起源をテナガザルのペア型社会やゴリラの単雄群に求め、あるいはインドなどに生息するラングール類や新世界ザルと呼ばれる中南米のホエザル類などの、オトナオスによる子殺しを常態とする単雄群社会に注目し、さらにはチンパンジーの離合集散する群れの中に人間社会と文化の起源を探ってきた。研究の初期から野外研究の指導的立場を占めてきた伊谷たちの世代の大半はすでにこの世を去り、研究の中心は今西から数えて孫・曾孫の時代となったが、家族の起源の問題は日本においても山極（1994, 2008, 2012 など）らによって、今も追及され続けている。最近のアフリカでは、人類がチンパンジーの祖先と分岐した頃に十分近い年代の人類化石が発見され（White et al 2006）、他方、現生人類 *Homo sapiens* の歴史やそれに先立つ霊長類や古人類の進化の道筋も徐々に解明されつつあって（篠田謙一 2022 など）、いよいよ人類誕生が神話から実証の段階を迎えようとしている。ここでも狭義のサル学は人類進化のパースペクティヴの一部を描くことに貢献はしたが、最終的には歴史の証拠を握る実証科学にその成果を譲らざるを得なかった。

生きたサルを見てわかること

私は一九七〇年に幸島のニホンザルと出合って以来、いくつかの場所でニホンザルを眺めつつ、その後、南米コロンビアのオリノコ川最上流部に広がるマカレナ熱帯林に生息する数種の霊長類について野外調査を継続してきた（Kimura 1998；木村 2005, 2012, 2018, 2019 など）。中南米に生息する霊長類は新世界ザル（分類上の名称は広鼻猿類）と総称され、少なくとも四七種もの多様なサルが存在（最近の研究から一三五種に細分される場合もあるが、生態学的に見る限り、私には必ずしも同意できるものではない）している。同地に霊長類が生息したであろうアンデス山脈の造山活動を含む四〇〇〇万年に及ぶ長大な時間の中で、たとえば熱帯雨林の環境条件は極めて安定的であったと考えられており、そして今から一千数百万年前にはすでに現生種の大半が形態的には現在とほぼ同じ姿で存在していたらしいという古生物学的事実を付加するならば、現生種の多様性は彼らの生息環境を十分に反映したものであると考えられる。伊沢紘生（当時は日本モンキーセンター専任研究員、のちに宮城教育大学教授などを歴任）を中心とする日本の調査隊が一九七一年に研究を開始し、とりわけコロンビアのオリノコ川最上流域にマカレナ調査地（1975-1977, 1986-2002）を確保して以降、中南米のサルたちもまた霊長類の本性を知るための重要な対象となり、同地ではこれまでに七種のサルたちが調査されてきた。もっとも人類誕生の舞台とされるアフリカを遠く離れた地で展開したサルたちのストーリーが、人類の起源と進化の問題をどのように解き明かすことができるのか、それは誰にもわからなかった。ただ一つ言えることは、一つの系統群の中で生じる多様性にこそ、人類進化を解く鍵が隠されているということであろう。もちろん進化は連想ゲームのようにアナロジーでは語れない。たとえば、中南米のクモザルは十数頭を超えるような比較的大きな群れを構成しているが、日常の生活においてはしばしばより小さな集団に分離して行動している。だからその個体間の関係は日々変化するのだが、時間をかけて観察し続ければ、トータルで同じ個体たちによる大きな集団を構成しているということが明らかとなる。このような現象はアフリカでチンパンジーの生態調査を行っている研究者たちの報告とよく似ている。とはいえ、離合集散する社会形態がいかにチンパンジーのそれに似かよっていたとしても、そこに系統的類縁性が証明できるわけでもなく、社会のあり方を通して進化の問題が解けるわけでもあるまい。一見似ているということは、進化的な共通性を裏付けてくれるわけではないのだ。

サルとヒトの関係を考える場合、サル類からヒトへと連続する進化の道筋として論理化するのか、それとも生物進化の必然である多様化に主眼を置くのかという考え方の違いが存在する。旧世界における伝統的な人類進化研究は主として祖先探しの旅のようであったわけだが、しかしその行き着く先に期待されたような「サル類の社会」イコール「人間社会の原型」があったわけではなかった。つまり、サル類の研究が人類進化にどのような示唆を与えてくれるのかという点がよくわからないままに、「サルはヒトの祖先」という、誤ってはいないが正確でもない観念が霊長類学をリードしてきたのであろう。そしてそこでは多様性の理解という視点が忘れ去られてきたのである。

チンパンジーの野外研究は人間の持つ認知的側面の起源という問題に一つのヒントをもたらした。彼らの集団の複雑な個体間関係はあたかも「政治をする」かのようであったし、そのように擬人化して考えることでチンパンジー社会それ自体の問題もクリアに見えてくるようであった（西田利貞ら 2002 など）。さらに野外観察と並行して展開されてきた松沢哲郎らによる実験的シチュエーションからの知見（Matsuzawa et al. 2006など）がチンパンジーの心的状況の人間臭さを演出し、チンパンジーはもうちょっとで人間になれる存在であるかのようにも表現された。加えて遺伝子研究においてヒトのゲノム分析が進んでくると、チンパンジーの遺伝子配列とヒトのそれとの間には九八・七パーセントの一致が見られるなどということが明らかになり、両者は一・三パーセントしか違わない存在として理解されるようになった。本当は生物として一・三パーセントも違う存在だと言うべきなのかも知れないのに、私たちは両者が似ているということにとても執着して物事を考えがちなのである。だが、この「しか」と「も」の違いは種を考える際にはとてつもなく大きいと私は考えている。もっとも、このように科学が明らかにした進化の道筋は否定されるべきではない。そこで改めて問わねばなるまい。それではチンパンジーはサル的世界とヒト的世界を繋ぐ生きたミッシング・リンクなのだろうか、と。

チンパンジー研究が人類進化の痕跡を「生き証人」に求めた結果、サルとヒトの間に横たわるルビコン河に橋が架けられた。ヒトは動物種としてまっしぐらに進化してきたのであり、だからこそ人類は自然を離れては存在し得ないのである。この考え方は正しい。しかしまだ疑問は残る。チンパンジーの一部が畢竟の幸運によってヒトに進化した（こういう表現の仕方は今西の「種は全体として変わるべくして変わる」という進化観から見れば論外だと、大いにお叱りを受けるに違いない）傍らで、あまたのサルたちはどのような進化の道を歩んできたのか。いや逆に彼らの進化のありようから、人類進化の本当の意味が見えてくるのか。南米熱帯林の暗く、しかし、たおやかなる自然の中でサルたちを眺めていると、彼らの悠久に変わらぬ生態こそが、あまりに変貌する人類の生態を映し出す鏡であるようにも思える。ヒトは何ゆえにヒトであるのかという問いかけに対してサルを観察する者からの視点でいうならば、ヒトの持つ「個体性を主張することの激しさ」こそがヒトらしさの源泉であるのではないかと感じられるのである。

総合的な人間研究のために

人間存在を考えるということは古代ギリシア以来のわれわれの思想的課題であった。自らを考えるということの困難さをこれまで多くの哲学者たちが乗り越えてきた。しかし人間それ自体をいくら眺め続けたとしても、その中にヒトの歴史を読み解くことは困難である。科学はたくさんの傍証を必要とし、そこで登場したあまたの論理体系の中の一つが霊長類学である。霊長類学は人類学よりも大きなカテゴリーを抱えている。そこでは人間（ヒト）という存在は、地球上で起こったすべての歴史的自然的事実が生み出した輝く成果でありつつ、その出現以降のすべての地球的事象に影響を持つ鬼っ子という存在なのだ。人間は自らを検証することを欲し、自らの存在の不確実性を自覚した。人間が偶然の産物として現在の地球にあるのか、それとも進化という時系列的必然の結果なのか、まだ私たちにはわからない。ただ、人間という不可思議な存在をめぐって、多様な議論が必要であり、それが自然科学の法則に沿ったものであると同時に、認識論的検討に耐えうるものであらねばならないという困難に、私たちが直面していることだけは確かである。その議論の一端に霊長類学が科学として参与し続けることを願って、私はサルたちを見続けてきたし、今も考え続けているのである。

3 社会行動の初期個体発生

行動を記述する

ここからは霊長類の発達とりわけ社会的な交渉に関わるような行動の初期発達について考えたい。ニホンザルのあかんぼうから幼少期にわたる社会的な行動の発達については、私がニホンザルと出合って以来、ずっと考え惑ってきたところである。おそらく昨今のニホンザル研究ではあまり重要視されてこなかった視点であるので、ここでは、なぜ、そのような研究が必要なのかということを示すために、人類進化史上のトピックスから話を始めようと思う。

いかなる系統のものであれ、またそれが高等あるいは下等といういずれかのレッテルを貼られたものであれ、霊長類（ヒトを含んだ概念としてのサル類 Primates）を対象として、その社会のありよう、つまり種としての生活の実体を、霊長類の研究者が観察する際には、おそらくレベルを異にする二つの目的を、知らず知らずのうちに内包し、あるいは混同し、いずれにせよ霊長類から人類進化の原理を掴み取ろうとするに違いない。一つは霊長類の生態学的位置づけ、もう一つは人間社会の起源である。前者は完全に生物学的な問題であり、系統発生 phylogeny という概念で進化と現生生物を結びつける重要なパズルの解を求める作業であるけれども、現代ではＤＮＡレベルの解析からの考察が主力の分野であるから、生態学的な観察は数理モデルのためのデータを提供する以上の貢献はいささか困難であると考えられがちである。百歩ゆずっても系統関係の傍証の域を出ないと見做されることが多い。霊長類の生態・行動・社会の研究が一般受けすることからマス・メディアに持て囃されるほどには科学的貢献から程遠いように見えるのはそのためであろう。他方の人間社会の起源に関わる問題は、長年にわたって古人類学と分子生物学がそれぞれの自説を掲げてしのぎを削ってきた分野であるが、アフリカのサヘル砂漠から発見されたサヘラントロプス *Sahelanthropus tchadensis* などに代表されるヒトとチンパンジーとの分岐年代に近いと考えられるような化石の存在が知られるようになり（Brunet et al. 2002；White 2006 など）、またエチオピアで出土したアルディピテクス・ラミドゥス（通称ラミダス猿人）*Ardipithecus ramidus*（Suwa et al. 1996；諏訪元 2002 など）の化石資料の発見などを根拠として、徐々にその歴史的な姿が見え始めている。化石はその種の形態的特徴の一部を示すに過ぎないが、そこから生活の復元を試みてきた多くの古人類学者たちの努力により、人類化（ヒト化）以前の霊長類の生活が、直立二足歩行を主たる要因とする形態変化の過程で、どのように変容してきたのかが明らかになりつつあるのだ。

二〇〇九年の National Geographic（October, 2 2009）に掲載されたラミダス猿人の犬歯からは次のような知見が得られている。ラミダス猿人の犬歯はチンパンジーよりも小さな歯であること、現代人のような頤（おとがい）を形成していないなどの特徴があり、それらの特徴こそがチンパンジー、ラミダス猿人、ヒトという三種の比較の中に見出される違いであり、そのことを通じて進化の連続性を示すものであるようだ。出典によれば「四四〇万年前に生息していたとみられるこの犬歯は男性（オス）のもので、大きさはヒトの犬歯とチンパンジーの犬歯の中間ぐらい」であり、「犬歯が小さくなっていることから、ラミダス猿人の社会では男性同士が互いに攻撃し合うことがなくなったと考えられ、これはヒトと同じ系統に属することを示す重要な特徴である」（National Geographic 2009）という。このように、化石の示す形態は、その種の生活、すなわち生態学的な諸関係の断片を垣間見せてくれる。そのような手がかりと、私たちが観察によって知ることのできる現生霊長類における形態・行動・社会の関係あるいは連鎖的な構造を系統発生の枠内で比較することから、種の進化における生態学的な変容を掴むことが可能となるだろう。霊長類の系統進化の時間的流れに沿って、この種の研究は今も活発に進行している。

さて、このように多くの分野における驚異的な発展が続く中で、現生霊長類の生態学的な行動研究が果たす役割は何だろうか。否、何かの役に立つのであろうか。五十年来、双眼鏡を唯一の武器としてサル類を眺めてきた私にとってはとても気になる点なのである。

霊長類の生態学的研究分野（もちろん行動・社会の研究を含む）が前世紀の遺物のようなという意味において博物学的な記載科学の段階にとどまっている限り、冒頭に述べたような二つの目的を統一的に捉えることはできないだろう。しかし、目の前に存在する生物個体こそが、進化の歴史を担い、記憶し、表現している（表現型としての生物種そのもの）ということを真に理解するならば、行動を見ることから始まる科学にはまだまだ未来があり、解決しなければならない課題がたくさん存在するということがわかるに違いない。そして私はそのように思考し、行動してきたつもりである。

私はニホンザルの行動を見たままに記述するということに古典的な方法に固執しつつ、社会的な行動の意味を考え続けて今に至っているのであるが、その背景には水原洋城（1931-2015 元日本モンキーセンター専任研究員、元東京農工大学助教授）が提唱し、実践してきたサル学のあり方、つまりサルを知るにあたっての生態観・自然観があった。彼の研究態度の大半は残念なことに主流の霊長類学にはほとんど見向きもされなかったわけだが、私が彼の考え方から得た私なりの教訓は、一つの行動を理解するためにさえ、当該の行動の個体発生を押さえることと同時に、当該の行動がその種とその種を含む系統の中でどのように受け継がれ、変異し、種分化とともに定着したのかという系統発生的意味を吟味・検証しておくことが必要だということであった。そのような前提に立って、ニホンザルの生活の中でごく普通に展開されている二個体間のやり取りを相互行為として考え直すことは、生物における社会という概念を理解し、人間社会の特質とも系統発生的あるいは進化史的に連続的なものとして考察するうえで重要な示唆を与えてくれるに違いない。もちろんここでいう二個体間とは、文字通りの二個体の間の関係にとどまるものではない。むしろ、集団をなして生活する霊長類においては、個体とその周囲にいる多個体によって醸し出される社会的に不均質で多変量な関係こそが当該二者間の関係に多大な影響を与えていることの方が普遍的であるから、個体を観察することは必然的に集団全体のありようを見ることでもある。ということで、私の観察はその背景に飲み込まれて、長年にわたって（少なくともデータの蓄積という意味においては）遅々として進まないのであった。

行動指標としてのシグナル

そんな中で、私の思考方法をサポートしてくれそうな文献に行き当たったのはようやく二一世紀に入ってからのことであった。人類学者として出発した後、精神医学（精神療法）でサイバネティックスの領域に深い関心を示したベイトソン G. Bateson は、遊びという行為に関して、次のように述べている。

> 私が動物園で目にしたこと、それは誰にも見慣れた光景だった。子ザルが二匹じゃれて遊んでいた――二匹の間で交わされる個々の行為やシグナルが、闘いの中で交わされるものに似て非なる、そういう相互作用を行なっていた――のである。このシークエンスが全体として闘いでないということは、人間の観察者にも確実に知れたし、当のサルにとってそれが「闘いならざる」なにかだということも、人間観察者に確実に知れた。
>
> この「遊び」という現象は、ある程度のメタ・コミュニケーションをこなすことができる動物に限って現れる、つまり「これは遊びだ」というメッセージを交換できない動物には起こりえない、現象である。
>
> （佐藤良明訳『精神の生態学』1971, p.260）

ベイトソンが言わんとしたこととの第一は、遊びという行為の持つコミュニケーティヴな側面であったが、彼はもう一つの問題に気づいていた。それは「遊び」という現象において二個体間で交わされる個々の行為やシグナルが、「闘い」の中で交わされるものに「似て」「非なる」ものである、ということであった。動物において「メタ・コミュニケーションをこなすことができる」ということは、すなわち、個々の動作や行動要素の組み合わせを通して、しかも同じ要素をいくつかの文脈において使用することで、他者との間で「これは遊びだ」とか「これは○○だ」といったメッセージを交換するということであるというのである。このようなことが可能なのは、当該の動物種が進化の結果として、他者のシグナルに対する機械的な反応としての行動から、明らかに意図的で選択的なシグナルの読み取りを行えるようになったということを意味している。ベイトソンはそれを次のように表現した。

コミュニケーションの進化を考えてみるとき、生物が他者の発する「ムード・サイン」に〝機械的〟に反応するレベルを徐々に抜け出て、その徴し（サイン）を指示記号（シグナル）として認識できるようになる段階が決定的に重要だということは明らかである。つまり、他の個体（あるいは自分自身）の発するシグナルがただのシグナルにすぎないものであり、信じることも、信じないことも、ウソになることも、否定されることも、強められることも、修正されることもすべて可能だという認識が発生する段階である。

（『精神の生態学』p.259-260）

はじめに行動ありき

このようなコミュニケーションの進化の段階に、果たして霊長類は全体としてあるのだろうか。「シグナルはシグナルにすぎない」という認識は、ヒトの場合ですら完全でないことは明らかである、とベイトソンは考える。ヒトは意図を持って発せられたシグナルに操作されるのだ。それに対して、ヒト以外の哺乳動物は、たとえば「異性の発する匂いによって自動的に興奮してしまうのが常だが、その徴しが非意図的に分泌されたもの——すなわち、ここでムードと呼ぶ内的生理現象の一部が外部に知覚されるべく現われ出たもの——である以上、そうした機械的反応は理にかなったものである」とベイトソンは考えている。このような生理的で機械的な反応とそれによって生起させられる行動は、たしかに「機械的」であると同時に、あるいは「機械的」であるがゆえに「理にかなったもの」だけれども、それ自体がヒトと比べて「より原始的」な反応であるというわけではない。しかし、ベイトソンはそこを進化上の決定的なポイントだと考えている。

この嗅覚信号の例は、コミュニケーションの進化における決定的な一歩を示してくれる。知恵の実を口にした生物が、シグナルをシグナルにすぎないものとして認識するに至ったとき、進化のドラマは急展開を見せることになったのである。それは（人間の言語がそうであるような）恣意的コミュニケーション・システムの道が開けたということだけではない。感情移入 empathy、同一視 identification、投射 projection 等、さまざまな要素が発生し、それらが複雑に絡まった多重の抽象レベルでのコミュニケーションの可能性が切り開かれたということである。

（『精神の生態学』p.206）

さて、それではベイトソンが考えるように、知恵の実を口にした生物としてのヒトに至ってはじめて、生物は多重の抽象レベルのコミュニケーションを得たのであろうか、あるいはそのときようやくそれらを必要とするようになったのであろうか。そもそも生物個体の二者間における関係性は、出会いの際に生起するさまざまな心的状況の投影である。だとしたら、ニホンザルの行動の発達過程が示す社会関係のありようもまた、霊長類各種の社会性を考える際の進化的プロセスを垣間見せてくれるのではないだろうか。そのような考え方が、ベイトソンを知る以前から、すでに私の観察の基礎にあったのは、水原が考えた行動研究に必須の方法論的心構えとして、当該の「行動の個体発生を押さえる」ことと「系統発生的意味を吟味・検証」することを学んでいたからであったのではないだろうか。

認知というもの

では、霊長類の行動に焦点を当ててみたときに、その個体発生の特徴として、どのようなことが考えられるだろうか。進化心理学のファン・カルロス・ゴメスJ.C. Gómez（2004）は霊長類の長い成長期について、Jolly（1972）や Fleagle（1999）の資料などから、以下のように総括している。

大雑把に言えば、マカクのようなサル類の寿命は二五年から三〇年であり、そのうち四年間が発達に当てられる。類人猿は四五年から五〇年は生き、そのうちの一〇年から一二年があかんぼう期と子ども期であるが、人間は（少なくとも西欧現代社会では）、およそ七〇年生き、そのうちの一六年から一八年があかんぼう期と子ども期に対応している。明らかに霊長類にとっては、子ども期に、からだが成長する以上に大事な何かがあるのだ。そのもっと重要な仕事というのは、行動的、認知的な発達である。

（長谷川真理子訳『霊長類のこころ』2005 p.21）

彼が指摘した行動的、認知的な発達について言うならば、何も人間のレベルまで問題にすることなしに、霊長類の系統の至るところでそれを覗き見ることができる。したがって、それは、ゴメスがいうような「からだが成長する以上に大事な何か」なのではなく、からだの成長そのものの一部として顕現するものであったはずだ。こころとからだを意図的に、あるいは恣意的に峻別する現代生物科学の原理からいえば、ゴメスの指摘はその通りだし、多くの行動学者や心理学者は、そのまま受容するのだろう。否、むしろその方が、認知という実体なのかプロセスなのかよくわからないものに対する期待が高まると言ってよいのだろう。しかし、行動的な発達にせよ、認知的な発達にせよ、所詮はその個体が引き起こした反応というレベルの所作で確認する他はないのであり、それはまさにからだが表現する行為なのだ。このことに関連して、ソーントンという認知心理学者は、どんな個性的な子どもでさえ、それぞれの年代 age に即して、すべての子どもに典型的な行動パターンを示すのだ、という主旨のことを述べている（Thornton 2002）。おそらくそうなのだろう。それが種固有の発達（個体発生パターン）というものであろう。このように、人間の子どもを事例にとっても、個体発生の種固有的な側面がよく理解されるのである。

ニホンザルにおける社会的な相互行為としての行動　――その発達過程――

そろそろ子どもの行動発達に焦点を絞ってきた私のニホンザル論の本筋に話を戻そう。すでに一九八三年刊行の日高敏隆編『動物行動の意味』に掲載された拙稿（木村 1983b）以来、ニホンザルのあかんぼうに認められる社会的な行動の初期発達については繰り返し論じてきたから、ここで詳細を基礎的なフィールドノートの記録にまでさかのぼって再録しないが、その発達の概要を写真資料にそって検討しておきたい。

ニホンザルの出産については野生状態での観察こそ少ないものの、飼育環境下のケージ（檻）やオープン・エンクロージャー（放飼場）では多くの事例が報告されている。その多くは未明から早朝にかけての出産であり、調査者が初めてあかんぼうに接する頃にはすでに胎盤は消失し（大半は母親によって摂食される）、臍の緒がまだあかんぼうからぶら下がった状態であることがよく知られている（図6）。その時点からあかんぼうが母親の腹から物理的に離れて地面（あるいは枝の上）に降りるまでのほぼ一週間は、母親とあかんぼうは確かに二個体ではあるものの、認識しあう対象として相互に「相手」であるのかどうかはよくわからない（図7）。もちろん母親にとっては他者としての個体が存在するのであろうが、彼女にとってもそれが他者であるという確証はまだないという意味で「自分のもの」なのではないか。

図6. 出産直後のニホンザルの母子。あかんぼうはまだ切れた臍の緒を引きずっているが、母親の胸部に自力でしっかりと掴まっている。

生後一週を過ぎるあたりから、あかんぼうの動きは急速に激しく、また時間的にみれば量的にも増大する。あたかも母親の束縛を逃れて（図8）、外的な世界へ踏み出そうとするかのようでさえある。しかし、それさえも、まだまだ意図的な対他者へのアプローチであるかと問われれば、否と答えるのが無難であろう。なぜなら、そのような動作は定まった（まさに意図的な）方向性を持たないからである。母親から離反するというあかんぼうの行為は、個体は独立して代謝を営む存在であるという生理学的事実としての、いわば生得的な反応であり、もちろんそれが後に母親と自己との間に特別な二個体としての社会的心理的葛藤を生じさせるものであるとしても、その時点で意図的な行動たりえないのである。にもかかわらず、あかんぼうはすでに社会的なものとして、母親を否定し、他者へ接近することを開始する。そこには個別、具体的な関係ではなく、外的世界へ進出することを前提とした母親への拒絶が存在するのである。つまり母親とあかんぼうという関係は個別に乗り越えられるべきものなのではなくて、種全体（具体的には群れという集団を構成している個体群）の一員としての個へ向かうという意味合いにおいて否定されるのだろう。結局、母親とあかんぼうは存在そのものが初めから対等ではなかったのだということになる。

図7．生後1週以内のあかんぼうと母親。乳房を中心に向き合って抱き合った状態で大半の時間を過ごしている。このような母子の関係を単純に2者関係と言うのはいささか躊躇される。

対等でないものの間には真の相互性や互換性はない。それはあかんぼうの社会性そのものに関わる問題である。母親との間で取り交わすさまざまな交渉過程は、したがって、ニホンザルが全体として互いに利用しあっているような社会的相互交渉とは異なった次元の、すなわち母子においてのみ通用する関係性に依存している。

ニホンザルのあかんぼうが最初に出会う他者はもちろん母親である。しかし、上述したように、その関係はあまりに特殊であるがゆえに、第三者との関係へと敷衍することが困難である。このことの原因の多くは許容性もしくは寛容さ tolerance に起因するものである。その寛容さは同時に母親から見れば「自らの一部」としてのそれであり、あかんぼうから見れば「生存の全体を依存する対象（としての母）」に対するそれであろう。そしてここで大切なことは、その各々の相手に向かう気持ちはそれぞれに独立であって、相互行為とは言えないということなのではないか（図9、10）。

ニホンザルにおいて母子の動作や行動が相互的な関係として同期的に機能し始めるのは、あかんぼうが母の背に掴まり、母とともに移動するようになってからであろう（図11）。そしてそれはあかんぼう自身

図8. 生後1週くらいであかんぼうは体を反らせて母親と相反する方向への身体移動を試みるようになるが、これは必ずしも到達目標を特定したものではないから、ここでは意図的とは言わない方がよいだろう。

の意思と母親の意図とが心的な感情として一致し始めたことの表れでもある。この頃を境に、母子間の物理的な距離は概ね心理的な距離と相関的な関係になると考えてよいだろう。もちろん、この段階のあかんぼうが周辺のすべての個体を熟知していることなどありえないわけであるから、次々と出会う他者との間で、その都度の関係形成を試みなければならない（あるいは関係を理解せずに済ませることさえある。図12）が、それもやがて内面的にカテゴリー化され、いわば社会的に承認された所作として完成していくのであろう。

生後五週を過ぎるとニホンザルのあかんぼうの行動は急速に活発化していくようになる。そこで初めて社会的な意味において意図的なアプローチが認められるようになる（図13）。母親への意図的な接近が始まる頃、同年生まれのあかんぼうたちの仲間関係 peer mates が急速に形成され始める。その始まりにおいては、偶然ただ同所的に位置するだけであったものが、徐々に意図的な交渉としての「くっつきあい」となり、そのようなことが繰り返されている間に、取っ組み合いのようにより積極的な行動を取り結ぶ関係へとエスカレートしていく（図14、15、16）。そのような関係を時系列的に展開させると図17のように

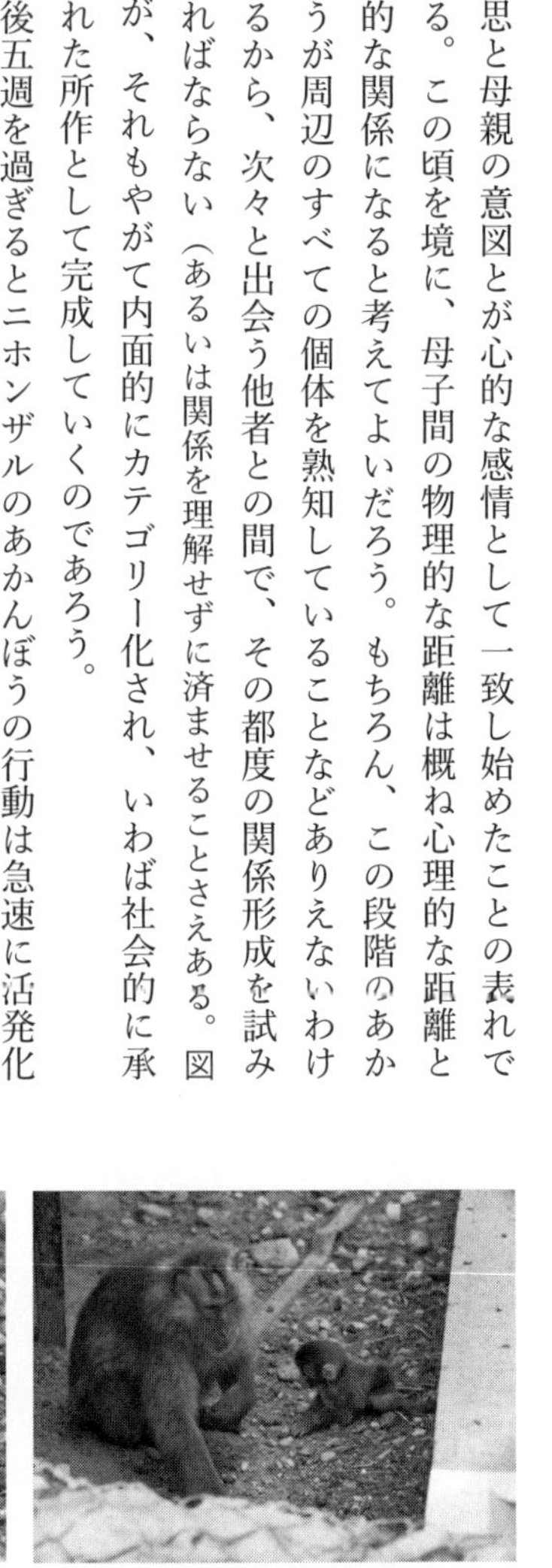

図 9. 生後 7 日目で母親から離れた状態のあかんぼう。母親の視線とあかんぼうの視線は同期していない。

図 10. 母親を見上げるあかんぼうの視線の先に母親の眼差しが常にあるわけではない。

図 11. 生後 4 週を過ぎると、あかんぼうは母親の背中に掴まって運ばれるようになる（a)。このとき、すでに、あかんぼうの側から積極的に母親から（物理的な距離という意味で）離反するようになりつつある（b)。このような状態での母子をそれぞれ独立した社会的な個として捉えるかどうかは、見解の分かれるところであろう。

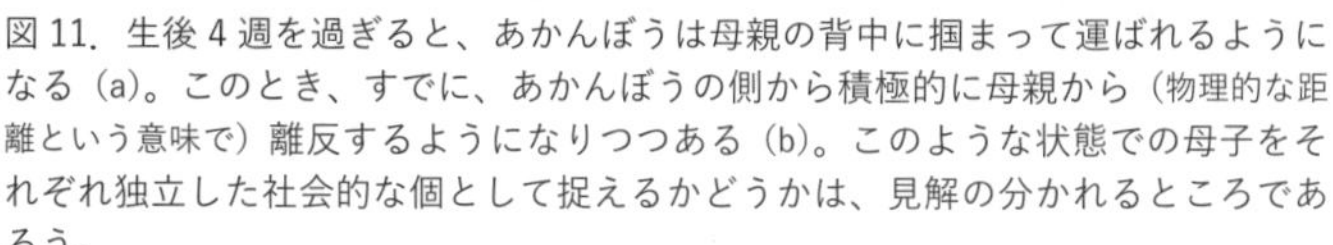

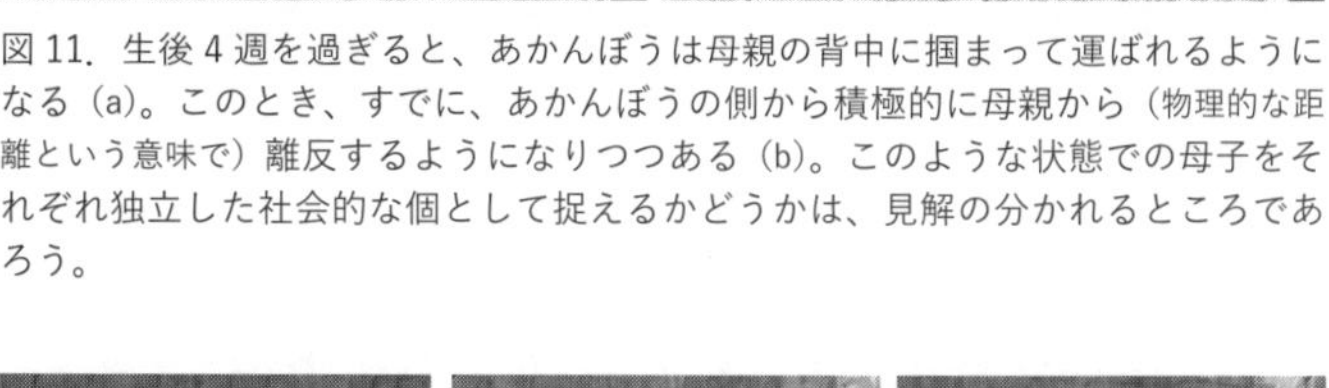

図 12. (a)、(b) は生後 2 〜 3 週期のあかんぼうと年長の兄弟姉妹の♀（姉)。年長の子どもはあかんぼうに興味を持って意図的に接近するが、あかんぼうの方は全く自己の運動方向にのみ動作定位している。(c) はそんなあかんぼうの後方から母親が近づき、姉がそれを避けた後の場面であり、あかんぼうが積極的に母親を注視している。

図 13. 生後 5 週を過ぎ、母親に明確にアプローチするあかんぼう。視線で母親を確認しながら接近している。

図 14. あたかもそこに石ころか何かの物体があるのと同然に他のあかんぼうを乗り越え、あるいはすり抜けて通過するあかんぼう。

図 15．年長の子どもに背部から近接されてそのままくっついた状態にいるあかんぼう。

図 16．母親のそばであかんぼう同士のくっつき合いが始まるのは生後 5 週を過ぎた頃からである。

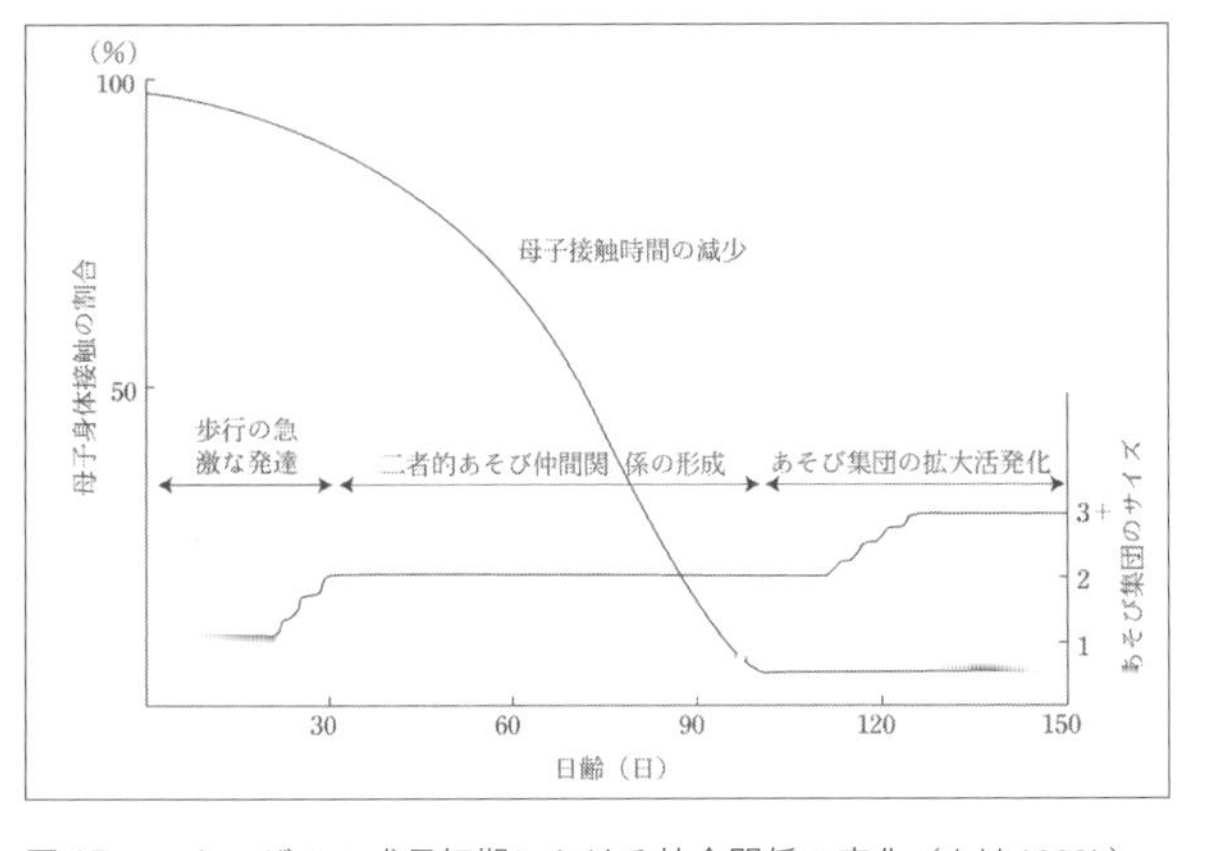

図 17．ニホンザルの成長初期における社会関係の変化（木村 1983b）

図 18．3 歳のオスの子ども同士のマウンティング

表現できる。ここで明確なことは、子ども同士の関係が多様になることと、母親との関係が物理的に希薄になることとが、完全に逆相関しているということである。ここにこそ社会関係の形成時における母親の特殊な位置が認められるだろう。このような関係は何もニホンザルに限ったことではなくて、多くの霊長類、あるいは哺乳動物の初期発達過程において、一般的に承認されることであると考えられる。その延長上に人間の母子関係があると考えるかどうかは、もう少し検討しなければならないところではあるが、かつて心理学者のハーロー Harry F.Harlow たちが行った霊長類における母子の愛着行動に関する研究はそのような系統発生的な連続性を前提に構築されてきたのであり（Harlow 1971 など）、社会性の根本的な部分に母子の強い関係を示唆している。しかしながら、ニホンザルの研究からみれば、このハーローらの見解には、母子とともにその周辺個体との関係をさらに重視した社会関係の中での発達という観点において再検討すべき諸問題が残されているように、私には思われる。

行動要素と文脈

あかんぼうの発達過程を観察していると、さまざまな行動要素が異なった行動的文脈の中に登場することに気づく。そしてそのことこそが、先に挙げたベイトソンの感想の実体なのだと思われる。ベイトソンが、動物において「メタ・コミュニケーションをこなすことができる」ということの内実として、個々の動作や行動要素の組み合わせを通して、しかも同じ要素をいくつかの文脈において使用することで、他者との間で「これは遊びだ」とか「これは〇〇だ」といったメッセージを交換するということである、と感じとっていたというのは、換言すれば、サルの行動がこのような文脈の構造を持っているということなのである。

図18の中央に二頭のニホンザルの子どもたちが写っている。そこでは一頭のオスの子どもがもう一頭の同年のオスの子どもに背後から乗りかかっている。そして下になった子どもは上の子どもを振り仰いでいるように首を反らせて見上げている。この二頭がとっている姿勢は成熟したオス・メス間の交尾姿勢と同じであるが、ここに性的意味があるかどうかは不明であり、筆者はやや否定的である。水原は一九七一年刊行の京都大学人類学研究会編「季刊人類学4（2）」に発表した「馬のり論序説」で、このようなマウンティングを広くアグレッションの現れとして捉えることを主張している（水原 1981 所収）。ニホンザルのあかんぼうがその初期発達の相当に早い時期から同年齢の相手に対して積極的にアプローチし、そのまま相手にのしかかっていくという行動をとることはすでに述べたが、そのことと、ここで見るマウンティングは、社会的な行動発達としては一連のもの、すなわち成長に伴って生起するまっとうな行動の個体発生過程であると言ってよいだろう。そしてそれが、性成熟に達したおとなの交尾行動（図19）と置き換わっていく過程は、生理学的な背景をもって語られなければならな

図 19. 休息中の群れの中で
行われている交尾行動

い。すなわち性ホルモンに基礎づけられた行動として性行動が発現するということが実証的に確認されなければならない。そのあたりを間違うと、ニホンザルの子どもは社会的成長の早い段階から性行動の基礎づけとなる行動を内包的に持ち、それを子ども同士の行動の中で実践しているといった証明不能な理解を示すなど、「子どもの発達」理解を阻害することになりかねない。

ニホンザルの場合、少なくとも自然群もしくは大きな広がりのある放飼場などで自然群に近い社会構成、性比などの条件を備えた集団内で生育する個体においては、社会行動における代償的な行動や転移行動に類するものはほとんど観察されない。しかし実験室や狭隘なスペースに置かれた集団ではそれらがしばしばいわば異常な行動として出現することが、これまでの私の観察から明らか（木村 1984, 2006 など）であるが、この問題については第5章で取り上げることにしよう。一方、正常な発達についていえば、社会的に機能すべき行動要素の全体が、生活の中で必要に応じて段階的に生起してくるかのように思われる。しかし、そのような行動の個体発生過程の仔細な観察から、実際に認められる行動要素や音声の基本単位などに関しては、ある意味ではランダムに、そして個体発生のごく初期に一気に現出していることがわかっている。そういう点から考察すると、少なくともニホンザルの社会的な行動を構築しているさまざまな要素というものは、将来の関係性や文脈上の意味を超えて、まさにニホンザルという種の特性としてひとまず素材のままに外部化してくるのだということがわかるであろう。そこに行動の遺伝学的な背景があり、それはすなわち系統発生に裏打ちされた種固有性を担保する物質的現実としての遺伝子の仕業なのである。それらが社会的に意味のある行動として文脈化されるためには、そのためのいわば文法との整合が必要であり、それこそが、統合され高度化した行動として、成長に伴って現出してくるのだ。

発達のプロセス

ここまで考えてきて、ずっと以前に読んだバウアーの発達研究（バウアー 1984）のことを思い出した。それはバウアーの優れた業績を岡本夏木らが日本語訳文献集として纏めたものであったが、その中で彼はこんなことを言っている。

大部分の心理学者は、次のような特徴をもった発達という概念を用いて仕事をしています。発達は累積的な過程であり、後の行動はそれに先立つ行動変化にもとづく過程であると見られます。より複雑な行動は、より単純な行動に、そして「高次な」心理学的機能は、「低次な」心理学的機能の上に成り立つことになります。

（バウアー 1976：岡本夏木ほか訳 1984）

だが、そのような前提を肯定したものとして、あかんぼうのさまざまな事例を考察したうえで、彼は次のように断じるのである。

心理学的には、発達は抽象的（abstract）から特定的（specific）へと進むと、私は提案します。

（バウアー 1976：岡本夏木ほか訳 1984）

バウアーが主張していることは、つまり、行為の統合的意味という点からみれば、「発達はより総合的な類型（行動要素の全体）から、個別具体的事実としての社会的に**意味のある行動**へと移る」ということだ。ここでいう総合的な類型とは、すべての社会的行動やコミュニケーションのために利用される行動要素というものが、ある発達的段階において全体として呈示されること、そしてそれを前提として個別・具体的な「行動要素の連鎖」としての行動を構築するという通時的変化を意味している。もちろん彼が対象としているのは人間であり、そのあかんぼうの観察からの呈示であることは、よくよく理解しておかなければなるまい。霊長類研究者としての私たちは、そのような事情を前提としたうえで、あらためて、「発達は抽象的レベルから特定的レベルへと移る」ということの意味を考えなければならない。ニホンザルの社会行動の初期個体発生は、そのことを事実として示しているのだ。

4 行動の社会化と共同性の発達

行動研究ということ

一九七〇年、宮崎県・幸島における餌付けされた野生群の調査から始まった私のニホンザル観察研究は、その翌年から水原に随行して訪問した高崎山の巨大化した餌付け群に出合って、サルの群れという概念そのものやそれまでに記述されてきた整然とした社会構造という観念に疑問を抱くことを当初から包含して出発した。餌場（高崎山では寄せ場という）で投与される餌（大量の小麦やサツマイモ）に群がるサルたちを呆然と見つめることで「サルの群れとは何か」という課題を見出し、現在に至るまでの研究テーマとして考え続ける契機となった。その後、白山山系蛇谷の豪雪地帯に生息する複数の群れ、さらには下北半島における世界最北限のサルたち、宮城県の牡鹿半島先端に位置する金華山島のサルなどの生態調査に参加し、さらには京都嵐山にあった岩田山自然遊園地で餌付けされ、餌場と自然の森とを行き来する群れを観察し、自然教育の教材化を考えるという立場を与えられるなど、伊谷純一郎以降の先人たちが想像を絶する努力の末に開拓した多くのフィールドで、純野生状態のサルから、過度に人間の干渉が影響を与えていると思われる群れまで、いくつもの異なった社会的背景を持つ集団で行動研究の素材に触れ、また多様な研究方法に接する機会を得ることができた。日本モンキーセンター発行の「モンキー」誌に掲載された「白山のニホンザル」(1973)はニホンザルに関する私の最初の纏まった報文であるが、そこでは厳冬期に七〜八メートルにも達する豪雪の中で生きるサルたちが冬を越すことの困難さとそれでも雪崩頻発地(樹木が生長を阻まれ、高茎草原化している急斜面)を冬越しの食糧資源採取地としつつ、老齢個体やあかんぼうに少なからぬ犠牲を出しながらも越年し、春にはまた出産の季節を迎える様子を描き出した。また、世界最北限のサルとして有名な下北半島のサルに関して、群れの個体数の成長曲線を定義づけし、森林の環境容量と個体群の成長の限界を想起させる資料を提供(木村 1978)できたことは、当時の地球環境問題の基本原理として問題となりつつあったローマクラブ報告「成長の限界」(1972)とも関係した基礎的資料としての意味ある現地報告となった。幸島での生態調査は、もともと学部生として所属していた森林生態学研究室で、森林を構成する生物の多様性とその生態系における物質循環の研究(当時の国際生物学事業IBP)という大テーマの一部分として、当時の荻野和彦講師(後に愛媛大学教授)指導の下で行われ、設立間もない京都大学霊長類研究所の課題でもあった幸島ニホンザル群の自然状況の維持・回復というテーマとも合致したので、林学分野の一学部学生に過ぎない私の報告(木村・荻野 1971)がちょっとした評判になったりもした。このような私の研究姿勢は、コロンビア・アマゾンにおける広鼻猿類の調査者へと転身した後も、サル―植物群システムの構造分析の視点あるいは手法として持続された。

サルの観察を始めた当初から、私自身の研究の関心は主として生態学的、とりわけ生物集団としてのサルの群れとそれを取り巻く自然環境としての森林という対比の中で、時には群集生態学や生物経済学として、あるいは個体群生態学として進められたのであるが、当時はまだサル社会の内部構造もまた自然の中に暮らすサルのあり方を考えるうえで重要なファクターなのだという考えには至っていなかったのである。私はサル社会の研究の将来に人類進化そのものを見ていたわけではなく、どこまで行っても自然の中にあるサルの生態学であると思っていた。そういう意味で私は生態学徒ではあっても人類学の研究者ではなかった。多くのサル研究者との違いはその点にある。そのような研究対象の理解の仕方の延長上に、行動学的視野が開けるという予想は全くなかったが、ローレンツ Konrad Lorenz 、フリッシュ Karl Ritter von Frisch 、ティンバーゲン Nikolaas Tinbergen の三名が一九七三年のノーベル医学生理学賞を受賞するという快挙によって、動物行動学エソロジー Ethology の生理学的基礎が認められ、動物の行動研究というものが愛好家によるフィクションではなくて科学的な範疇にあるのだというお墨付きを得た時代であったので、当時の私にとって動物行動学という学問分野は、動物の生活を理解する新たな手段として重宝な思考道具となったのである。

だが、彼らがノーベル医学生理学賞を受賞したということの生物学上の本当の意義は、動物行動というものが生理学的なプロセスとして解読できるということを強調したのであって、個々の行動事象がそれを発現させる個体に対して果たしているところの意味を問うというところには繫がっていかなかったのである。行動するそれぞれの個体は決して機械的存在ではない。したがって、動物の行動をホルモンやフェロモンに支配されるものと理解し、神経生理学的運動に還元するという方法だけでは行動の意味を問うところへは行きつけないだろう。水原はそこをエソロジーの還元主義的傾向として批判した（水原 1981;1986;1988）。とはいうものの、動物の行動を観察する研究方法としては、とくに霊長類に関しては直接観察という方法がもっとも手っ取り早いし、わかりやすいような気がするのも事実である。そのような研究方法を生理学的事実が補完してくれるのであれば、実証的な研究は急速に進歩し、新たな理論が次々に登場するのではないのか、というエソロジカルな方法への期待感すら生じていたと言うべきだろう。

そういうわけで、ここでは、ニホンザルの自然社会における個体間関係を考える手がかりとして高崎山に生息する群れ（図20）を短期間観察した私自身の資料を基に、その生活の中に垣間見える社会性の獲得と共同性の発達について議論してみたい。ここでいう社会性とは、種の如何を問わず、個体の発達過程と密接に関係する性質であり、その意味において社会性は個体性の別の側面であると言える。ニホンザルの場合には個体は集団の中で成長・成熟するのであるから、他者との日常的な関係性が社会性を発達させる。それは同時に複数個体間の相互的な関係の形成を通して共同性を構成していく過程でもある。動物研究で比較的安易に、あるいは無定義に語られる社会概念が、共同性という種社会の統合の基本原理との関連抜きには論じられないとい

図 20．高崎山の餌付けされたニホンザル集団（C 群，約 650 頭，2017）。ニホンザルの自然集団としては異常に巨大化した群れではあるが、集団内部の個体間関係などは通常の野生群と変化がないように見える。ただし大量の餌が大きな群れの中心にだけ散布される状況下では、餌をめぐる争いが激化するのは当然であるが、初めからそのような状況の中に入ろうとしない者も少なからず存在する。その点では自然状態の社会関係とは少々違った側面が見えているかもしれない。

うことをここでは主張したい。以下にその論旨を展開しよう。

ニホンザルを観察するという行為

ニホンザルが生態研究の素材として注目された背景はやや複雑である。そもそも日本列島は東アジアの東端で、太平洋上に孤立的に位置している。氷河期以前からの地史を辿れば、中国大陸といくつかのルートで繋がり、北方地域とは千島、樺太経由で往来があったことがわかっている。太平洋地域からの生物の流入も考えられるが、本論で対象としたい哺乳類にあっては、その可能性は極端に小さく、海獣類が挙げられる程度であろう。生物地理学上、ブラキストン線として知られる津軽海峡は、氷河期上の最寒気であった約三万三〇〇〇年前から二万八〇〇〇年前の時期には凍結したらしく、ヘラジカなどの大型哺乳類が本州に入ったと考えられているが、それらの種は温暖になってから本州からも北海道からも姿を消した（安田喜憲 1987）という。そういう点に注目しつつ考えていくと、西側の中国大陸、とりわけ南西部からの移動圧を強く受けながら、日本列島で勢力を拡大した哺乳類の代表格の一種としてニホンザルが注目を浴びることとなる。

日本を代表する哺乳類が霊長類であり、しかも複雄複雌群という社会構成で生活しているということが、次なる注目点であった。戦前から続くいわゆる京都学派の中で生物研究の理論的指導者であった今西錦司は、生態学を究める中で生物社会の論理の中心に種社会という概念を置いた（今西 1949）が、同時に人類進化の原型を霊長類の進化に求めていたために、種が表現している社会構造を単純な生活上で観察可能なもののみで捉えるという傾向があった。したがって彼の思考方法には人間を特徴づける行動概念をそのまま動物社会の中に認めようとする傾向が強く、行動研究本来の意味での観察を結果として重視することなく、種における集団を捉えるにあたって外的形態としての群れを夢想することとなったのである。それは集団の中にオスあるいはメスがどれくらいいるのか、それぞれがどのような順位をなしているのか、それぞれの個体の一生が群れとどのような関係にあるのか、などを中心に考察された。このような考え方は、伊谷純一郎によって社会構造の本質部分が集団におけるオスあるいはメスの移出入によって決定づけられるという極めて単純化された理論を生み出したのである。今西の路線を引き継いだ伊谷は、しかし観察の重要性をもっともよく理解して、日本でもアフリカでも行動した研究者であったと思う。その彼が、世界中で収集された研究を精査し、それぞれの地で研究者たちが観察から得た資料を用いて、種社会の基本的社会単位ＢＳＵの概念によって、社会進化の法則を形式進化として終息させた（伊谷 1972）のである。伊谷は次のように記述した。

社会人類学における社会構造の研究は、*Homo sapiens* という種内に見られる社会構造の諸変異と、それら相互の間の系脈を明らかにすることを主題としてきた。それに対して、霊長類からのアプローチは、*Homo sapiens* という種のもつ社会構造の特性の追求を主題にしており、それを、Hominidae の中に、さらに Hominoidea の中に、Primates の中に、そして自然と時間の中にどう位置づけるかという課題を負わされているのだといってよい。まだ理論的基盤は薄弱なものにすぎないが、どうも霊長類の社会構造を動かしているその回転のシャフトは、インセストの回避機構であるように私には思えてならない。

（『霊長類の社会構造』1972，p.147）

伊谷はこのように書いた後、彼自身はそのインセスト（近親交配）回避機構の単位としての基本的単位集団ＢＳＵの概念によって社会進化の法則を完結させ（伊谷 1987）、「霊長類の社会構造と進化 The evolution of primate social structures」の業績により、人類学におけるノーベル賞と評されるトーマス・ハックスリー記念賞（イギリス王立人類学会）を受賞したのである。この頃、霊長類学の周辺では、集団遺伝学者たちが「遺伝的有効サイズ」という概念を広げて、ニホンザルの「群れ」を「遺伝子集団」として単位化しようとする動きもあった。実際に可視的また物理的に集団として存在するはずのニホンザルの群れを、「生物的単位として群れなど存在しない」と言ってのける若い生態学研究者も出る始末であった。

新世界ザルのフィールド観察でも、ゴリラの生態研究でも、要はインセストの回避こそが種集団の基本構造を決定するという伊谷のテーゼが前提となった研究が進められたのである。これら一連の事態を見た今西はこれを「伊谷は生物学主義に後退した」として批判したが、そもそもの原因は人間の特徴の起源探しとして霊長類観察研究を矮小化していた今西自身の問題意識のずれであったと、私には思われる。

ここまでで明らかとなったようにニホンザル研究はその紆余曲折の中で、動物学の研究対象としての立場と、人類進化史研究のそれとを両立させながら、当事者間においてはそれぞれへのアプローチの方法論的な違いがよく理解されていなかったのではないのか、と私には感じられる。いずれにせよ、当時の日本においては、ローレンツたちが主張したようなエソロジーという立場の行動研究は十分理解されず、機械論的な生理・生化学主義が生態学を席巻するという風潮だけが残存した。その頃の一時期、私はパナマのスミソニアン熱帯研究所にいたが、そこには上記の機械論万能主義研究者とともに現場で事実を積み上げるタイプの多くの生態学研究者がおり、観察事実の積み重ねの重要性が意識されていた。そのことに私は大いに勇気づけられた。

社会性の獲得から共同性へ

ここで私は、ニホンザルの社会なるものに定義づけを試みたいと思う。サルにとって社会とはいかなるものなのかということについては、ニホンザル研究の当初からこれまでも何度も論じてきたので、今更の感がないわけでもないのだが、ニホンザル社会論をそろそろ店仕舞する齢にもなってきたので、この辺でもう一度整理しておこうと考えたのである。

ニホンザルをいろいろな条件下で見続けてきた私にとって、サルの社会とは、いったい実体なのか、それともサルが個体としては見えているものの、その間の関係性については、私たちが勝手に思いをめぐらせているだけのものなのではないのかという疑義がいまだに若干ではあるけれども付きまとうのだ。そもそも水原はサルの振る舞いの中に社会的な行動を捉え、またその行動の発現動因としての社会性という概念を認めてきたが、最後までサルの集団（具体的な可視的存在としての群れ）を社会として表現（あるいは命名）することは拒絶していた。私も学生時代に始めた観察研究の当初からサルを客観視することを大前提にしてきたつもりだったのだが、さて本当に客観的に関係性などというものが見えていたのだろうか。それとも、無意識に操作的感覚でサルを見てきたのではないだろうか。現在の私は、サルの集団のあり方をサルの社会と呼ぶことにほとんど躊躇はない。サルの群れという集団的まとまりにおける個体間の関係性から見えてくる社会性が、私をして群れを社会と呼ばせるのである。現実のサルにとっての「個の社会性」は「個体間の関係性」としてサルの群れの中で現出する。今西にとって、種社会は実体概念であった（今西 1941）。しかし、彼にとってのそれは、もちろん可視化されるような即物的な存在ではなく、生物界を腑分けするための構造単位なのである。ずっと後になって、京都大学で生態学を指導してきた動物生態学者の川那部浩哉が個々の種社会も種の地域的集合である群集も「関係の総体」としての生物集団であるという捉え方をして、生態学を纏めてしまった（川那部 1996 など）。それを知ったときには、なるほどそういう言い方もできるのかと感心したのだが、よく考えてみると「関係の総体」というものには内実がない。つまり社会としての内実、具体性がどこにも認められないのである。今西にしても川那部にしても、自然界を観念的に取り纏めることには長けているものの、実際に目の当たりにする生物の生き生きとした動き（生活と言ってよいだろう）とそれを概念化した時の表現との間には、越えることのできない断絶、というか、意味の不開明さが付きまとうのである。

目の前のサルの動きや個体間の交渉を見ながら、これはいったいどのような社会的意味を持つがゆえに社会的場面であるのか、つまりニホンザルの社会とは具体的には何なのだろうということを明晰に記述できなければ、科学的に表現したことにはならないのではないか。水原は何度もそのように指摘して私を叱咤激励してくれた。その彼への回答に「群れは社会なのです」などと言ってよいのだろうか、と私はまだぐずぐずと思い迷っている。そんなことを考えながら、二〇一七年に高崎山の寄せ場の餌（小麦やサツマイモ）にへばりつくサルたちを観察する最後の機会を持ったのである。高崎山では寄せ場に集まる大量のサルを対象にすることで要領よくたくさんの行動を記録することができる。それが長期にわたって人間に踏み荒らされた野猿公苑の唯一の取柄であるのだが、この時は少々趣向を変えて、寄せ場の中心から少し離れたところで、どっちにしても大して餌にありつけないようなサルたちをターゲットにして、三日間ついて回ることにした。観察は二〇一七年三月三日から五日にかけて行われた。高崎山のサルは一九五二年の餌付け以来、個体数を増大させ続け、何度も分裂を繰り返した挙句に集団捕獲されて、当時、B群とC群の二群合計で一四〇〇頭ほどを数えていた。ニホンザルとしては他に類を見ないほどに大きな群れではあるものの、観察してみるとやはりこれは群れとしか言うことができない。とはいうものの、その広がりは非常に大きく、遊動中も、おそらく声は届くとしても、姿を見ることがない個体が群れの中の小集団として散在しているのであろう。群れの中心に集中する大勢の個体が寄せ場で採食する時間帯を狙って、餌に呼び寄せられないような周辺部の小集団を観察することにしたのである。

この小集団（図21）の中で、とくにひとりで餌を探している右端の子ザルを見て、最初に疑問を持ったのは、いったいこの子の母親はどこにいるのかということであった。ニホンザルの子どもは三か月を過ぎる頃から離乳を始め、六か月くらいになるといわゆる乳離れをし始めているので（もちろん母親と一緒にいるときはずいぶん長く母親の乳房に吸い付いているものも多いが、栄養的にはあまり意味がない）、一歳弱の子どもが数時間にわたって親から離れているという状況も必ずしも不思議ではない。さらに、この子どもに対して、時折目をやり、子どもが動くと、少しにじり寄り、しかし身体の接触はしない若年のメス（私は姉だと想像したのだが）

が存在していることで、子どもの方もずいぶんとリラックスしているようだ。

さて、いわば群れの周辺に位置しているこのような小集団を観察して、何が得られるのだろうか。通常の観察研究では、群れの種たるメンバーが繰り広げる大きな社会変動すら引き起こしかねない個体間の関係を彷彿とするようなやり取りを記録し、集団内で生起する社会行動から社会構造の本質を掴み取ろうとするものである。ところが、ここでは群れの周辺にぽつねんと座るオトナオスと年少の個体が穏やかに過ごしている情景しか見えてはこない。冬の別府湾の寒風にさらされながら、じっと何時間も観察したくなるような場面では絶対にないだろう。だからこそ、大方のサルの研究者は誰もこんなところで生起する行動の社会的意味などには、何も興味を持たないし、ほとんど何も知らないのだ。そこがこの調査の眼目であった。ニホンザルの生活は、いつもドラマティックに展開されてい

図 21. 高崎山 C 群の小集団。群れの中心から 100 m ほど離れて他のサルたちからはあまり見えない場所でくつろぐ。左手前の成熟したオス、左手奥で毛づくろいをするのは 3 ～ 4 歳の未成熟個体（毛づくろいをしている方がオスで、それをうつ伏せで受けている方がメスのようだ）、右端にいるのはまだようやく 1 歳だが性別は不明、その左側はどうやらこの子どもの姉（3 歳か？）にあたるメスと思われる。どう見ても母親ではなさそうだ。

るわけではない。毎日の大半は何事もなく、誰とも大した社会的交渉を持つわけでもなく、かと言ってひとり孤独に過ごしているというようなものでもない。そのような感覚を想像しながら、対象と対峙することもまた観察者としては必要なことなのだ。もっとも、毎度毎度そのような観察をしていたのでは、フィールドノートは埋まらず、データの蓄積はわずかなものになるから、論文にはならないかもしれない。私のように、明日の論文が業績にならねば研究者として失格してしまうという状況にはなかった（いや、すでに失格していたのだろう）からこそ、このような場面での調査をあえて行おうとしたのである。

いよいよ本論に入ろう。

通常のニホンザルの野生群では、個体数が二〇～三〇頭から多くても一〇〇頭程度である。日本の森に野生群しかいなかった時代には、実際はもっと小さな群れが多かった可能性も考えられるが、私が調査を始めて以降のおよそ五〇年の間、極めて大きな群れは餌付け群で、小さな群れが屋久島などで知られている程度で、ほぼ上記の範囲に入っていた。ただ一九八〇年代以降の里山あるいは人家周辺に現れるようになった群れを見ると、実はもう少し小さな個体数で纏まっていることが少なくない。私は愛知県三河地方の新城市北部地域や岐阜県高山市（当時は大野郡朝日村）などで猿害対策の一環として、サルの群れの分布と個体数などを調査してきたが、いずれもひとまとまりの群れとしては三〇頭以下という事例が多かった。さて、このような実態をどのように理解すればよいか。一つには野生状態での個体数確認の難しさで、測定できていない部分があるということが十分に考えられる。しかし、私自身の経験から言えば、群れのまとまりは一時的にせよ、長期的にせよ、比較的容易く少数の分裂群に分化するかもしれないということを考慮する必要がある。ニホンザルの強固な群れの集合という観念は餌付けされた群れの二重同心円的な個体配置から推測されたもので、森林内を遊動する群れでは群れ自体の分裂、あるいは遊動上の一時的な別行動も含めて、しばしば小集団への分化が認められる。この両者の関係を子細に見なければ、群れとしての行動のシンクロナイズは確定的なものとはならない。群れのコンパクトな纏まりと強固な繋がりを、私たちは種集団の固定的な基本単位だと見做してしまう。しかし、実際にはもっと緩やかな繋がりで集団は構成され、互いに相手の居場所を相対的に認識しながら、それぞれは（勝手な）位置にとどまっているということなのではないかと考えられる。その結果として、図21のような構造的に不安定な個体の集まりが形成されるのである。そう考えると、群れの中の個体間および小集団における集まり方というものの様相が垣間見えてくるのではないか。

そこで、あらためて問題となるのが、個体の成長過程における社会性の獲得という問題である。先に私が記述したように、群れの中で生まれたあかんぼうは、母親との絶対的で特殊な関係によって庇護され、成長していくが、その過程は、同時に個体としての独立のプロセスで

図 22．群れの主たるメンバーと子どもとの関係

もある。この独立過程として重要なのが、集団の中心における「保護し—保護される」関係性ではなくて、無視され、干渉され、時には敵対されるような環境なのではないか、ということを、最近になって思いついた。個体が個体として独り立ちするというプロセスでは、他者との関係性を当事者自身が感知し、確認する必要がある。もちろん同種で、同質の群れの中の個体同士であるから、初めからコミュニケーションが成立しないはずはないが、直ちにわかり合える関係でもない。そのような関係性を乗り越えなければ、個体性の確立は望めないのである。

図22では、寄せ場の中央で、群れの最優位なオスとそれに随伴する高順位のメスが同時に採食している横で、彼らを見上げながら、半分逃げ腰で自分も餌の分け前にあずかっている子ども（一歳?）である。この個体は奥で採食しているメスの子ではない。ここに子どもではなく、成熟したオスなどが堂々と座っていれば、おそらく優位のオスとその動きに乗じる他のメスやその他多くのサルに攻め立てられ、逃げ出す

図23. 子どものマウンティング。左図は2.5歳同士の馬乗り行動で、性行動と全く同一姿勢で、上の個体はスラストを伴った行動をしている。下の個体もまた、姿勢あるいは上を見上げるポーズなどから性衝動を伴っているかのように見えるが、性的というよりは遊びの要素が勝っているものである。右図は若いメスにマウントするオスの子ども。

しかないであろう。ここではまだ子どもであるということが、相手の攻撃性を弱め、目障りでない限り随伴して食にありつけるわけである。しかし、そのようなことがいつも起きるほどこの中心部はすべての個体にとって平安ではありえない。むしろ図21で見たように、他の目を気にすることなくゆったりとする空間が群れの周辺には広く存在しているのである。したがって、そのような空間を選び取る個体がいても不思議ではない。

図23は疑似的な性行動を行う子どものサルの様子である。写真説明のように、子ども同士の遊び的要素の強いものもあるが、右の写真のように、明らかに若いといえども成熟したメスに対して交尾姿勢をとるオスの子どももいるのだ。この場合にはメスは明らかに弱いながらも発情の兆候を示していたので、このシークエンスはおよそ二〇分にも及ぶものとなった。ただしオスの子どもの方はといえば、発情とは程遠い遊びの繰り返しであったように見えた。これらの観察を通して言えることは何か。

社会性は個体性の発露である

ここまでの観察と議論で、ニホンザルの個体性が社会の中で置かれた状況を反映していること、それは何も多くの個体に取り囲まれて仕込まなければならないというものではないことなどの諸点が浮かび上がってきた。私たちは社会性という言葉を字義通りに解釈するあまり、サルの個体性の発達においても、他の個体とどれくらい接触するかという頻度で、その成否を理解しようとしてきた。しかし、初期の行動学（ローレンツ流のエソロジー）が示唆するところによれば、行動の発現にはそれに先行する経験の有無が重要な要素となり得ることがわかってはいるものの、接触頻度などは必ずしも必須の条件とはならないと思われるのである。どうやら前提の状況を少なくとも何度か獲得することで、個体は次の社会的ステップへと進むことができるのだ。もちろん、高崎山のサルの子どもであっても、あの大きな集団の中で、物理的に孤立することなどありようもないから、必要十分な経験が彼らの社会性を保障しているに違いない。それ以上に大切な条件は、個体が個体として生きるということであって、あえて言えば、サルにだってエゴ ego のようなものを認めてもよいのではないか。多くの時間を個体として意図的に生きる者こそ、社会性に満ちた存在となるのだ。

それではそのような社会的経験は集団（群れ）としてどのように認識され、維持されているのだろうか。ここで社会的諸関係の中で顕在化する他者理解の様相を再考しておきたい。マエストリピエリ Maestripieri は二〇〇七年にアカゲザルの個体認知の能力と社会的な協調との関係を次のような事例を提示して極めて明瞭に示した。ニホンザルの行動の仕方と必ずしも直結はしないけれど、大半のニホンザルが生きている空間と隣人関係はよく似たようなものであろう。

カリブ海プエルト・リコの小さな離島カヨ・サンチャゴ島に放飼されたアカゲザル集団で、未成熟なオスのアカゲザルが研究者グループによって捕獲され、テストのために暗いコンクリートの建物の中に連れてこられた。彼は檻の床の上で快適な時間を過ごすために、沈静と睡眠の時間を与えられた。やがて、このサルは眼を覚まし、立ち上がり、眠そうにその場に座る。さらに時間がたって、機敏になると、檻の中を歩き回り、そこから逃げ出そうと不安げに見回す。ドアが開かれると、サルは一目散に彼の残りの仲間がいる放飼場へと逃げ帰る。たくさんのサルの目が、ほんのちょっとの間、新入りに注がれ、そして何事もなく他を向く。警戒される理由は何もなく、彼はバディなのだ。今日、彼は移動し、そして戻ってきたのだ。年長のメスザルがそれまでしていたグルーミングに戻り、群れで最上位のオスザル（霊長類学ではアルファ・オスα-maleと呼びならわされる）は再びうたた寝を始め、子どもたちはジャングルジムで遊びの続きをする。バディのお気に入りの遊び仲間が彼に歩み寄り、彼をまきこみたがっているように見える。彼はバディを押し、追いかけさせようとするように走り去る。でも、バディは追いかけてこない。彼はバディのわき腹に飛びかかり、ゆっくりと元の場所に歩いて戻っていく。何だかおかしい。たくさんの目が再びバディに注がれる。大きくてたくましい若いオスの乱暴者が、バディに近づき、彼をにらみつける。バディは当惑した表情で少しの間、彼を注視してから、顔をそらせた。乱暴者はバディの腕に噛みつく。バディは痛みで悲鳴をあげて逃げ去る。しかし、ゆっくり、ゆっくりと。乱暴者はすばやく彼を捕まえて、今度は耳にまた噛みつく。さらなる悲鳴が。他の二頭の子どもたち―そのうちの一頭はバディの遊び仲間―とおとなのメスザルが興奮した様子でバディの方へ駆け寄っていく。彼は逃げようとして、彼らに捕まり、再び地面に伏せ、彼らは寄ってたかって噛みつき、金切り声をあげる。バディの腕や顔を引っ掴み、その指や尾に噛みつく。

すべて一瞬の出来事だ。しかし、研究者たちは見ていた。バディがぶざまにやられるのを見た瞬間に、彼らはできるだけすばやくバディを救出しなければならないことを理解した。彼らがバディを捕まえると、彼は自分で個別ケージに入る。ひどく怖がってはいるが、怪我はしてない。二時間後に彼はグループに戻る。彼の遊び仲間や他の子どもたちが彼に気づき、彼を引っ掴む。彼は子どもたちを掴み返し、三頭で取っ組みあう。それから彼は追いかけられるが、今度はすばやく逃げて、捕まらない。彼が走ったので、不注意にも一頭のあかんぼうにぶつかって、その子を倒してしまう。すぐにそのあかんぼうの母親がやってきて、その子を抱き上げると、にらみつけと大きく開けた口で、バディを威嚇する。バディはあかんぼうの母親に自分の歯を見せ、尻尾を上げて彼の後方にいる他のサルに性器を見せる。何も起こらない。母親はぐるりと向きを変えて歩き去る。バディは餌の山に歩み寄り、りんごを一つとって食べ始める。今や誰も彼に注意を払わない。

バディは毎日、放飼場で他のサルたちと過ごしている。彼らはみんな同じ餌を食べ、一つ屋根の下で眠る。バディの家族は群れの中での社会的地位が低いが、彼らよりも社会的階層の低い複数の家族も存在する。彼は他の家族の子どもたちと多くの時間を過ごすが、年長のオス・メスともつるんでいるようでもある。彼らはバディが生まれたときにはすでにそこにいた。バディがあかんぼうだった頃、年長のサルたちは彼を抱き、かわいがった。彼らはバディの日々の成長と彼の生活の毎日を見てきた。だが、その日、研究者たちがバディをグループの外へ連れ出さなかったら、彼は殺されていただろう。バディの母親とおばたちは彼を守ろうとするだろうが、おそらく効果はなかっただろう。

バディが最初にグループに戻されたとき、彼は麻酔から十分には覚めていなかった。他の所作は、すぐに何か不具合が彼にあることを告げていた。彼はいつものようにすばやく走らなかった。彼は服従の信号を伴って脅しへ反応しなかった。彼は保護を求めて母親のところへ走り戻らなかった。彼は弱く、攻撃されやすかった。他のサルたちの行動は好意から不寛容へと、遊びから攻撃へと、すばやくそして劇的に変化した。バディの攻撃されやすさは、他の者たちにとって古い序列を沈静させて、自分の優劣順位における位置を改善する、あるいは未来の良きライバルを消去するチャンスとなった。アカゲザルの社会では、一頭のサルの社会的地位の維持、他者への許容性、結局は生存のためのすべてが、彼が如何に速く走り、正しい信号を、正しい相手に、正しいときに、効果的に使うかに係っているのである。アカゲザルはある朝に目覚め、少し眠気を感じ、そして彼のもっとも良き友だちに殺されるという危険に直面している自分を見出すのである。

（木村光伸訳『マキャベリアンのサル』2010）

この事例は、アカゲザルが仲間（この場合には自分と同じ集団として飼育されている他者）の存在を十分に認識していること、及びそのような認識が攻撃の抑制には必ずしも普遍の効果を持つものではないということを如実に示している。仲間というものは常に他者との間で了解可能な社会的なシグナルを発信し続けるものであって、顔を知っているとか、かつて遊んだことがあるといった経験によって十分に支えられるものではないのである。誤解を恐れずに言えば、何やら人間の仲間関係を彷彿とさせるようでもある。いやこのような表現もまた研究者のリップサービスとして排除されるべきであろうか。反省……。そのような社会関係はアカゲザルの近縁種であるニホンザルにおいても認められるが、私の観察経験から言えばアカゲザルほどには極端ではない。両者を含むマカク属 Macaca がアフリカからアジアに広範に分布を拡大させつつ種分化を遂げてきた過程で、どのような負荷がそれぞれの種に影響を与えたのであるか、あるいは環境要因や種内の密度効果がいかなる働きをしたのかを知ることは困難である。しかしこのような社会的対応の相違が進化史の中で適応というプロセスを通してそれぞれの種の社会性を形成したのだということだけは間違いないだろう。

社会性と共同性

人間社会における「共同性」は個体の他者認知を前提とする。ニホンザルの場合にはどうだろうか。霊長類全般を考えてみても、単独生活者である原猿類などをも含めて、おそらくすべてのサル類には他者認知の能力があるように見える。この場合には、それは自己認知能力でもあるだろう。自己を確立するということを、私たちは何やらとてつもなく高度な行為のように考えがちだが、それは動物に備わった本質であり、しかし、霊長類にはとくに他者との社会的な関係において、そのことが重要視されるのである。それは霊長類の集団の作られ方に関係することなのだろう。サルの社会を研究する者の大半は、社会というものを個体の相互的な関係の全体として捉えている。それは誤ってはいないのだが、本当にここで問題となるのは相互的とは何かということなのかも知れない。

かつて私は、南米に生息するクモザル社会の研究において「クモザルはさよならを言わない」というような発言をしたことがある（木村 2000;2006）。群れの中の個体の結びつきがニホンザルとは少々異なっているが、集団内の個体間の関係性を理解する手がかりとして、再度考察してみよう。

クモザル社会では基本的には群れを構成する全個体が一度に集まって一つの群れになるということはあまりなさそうで、いくつもの小さなパーティーが集まって、結果として一つの群れとして認識されている。ではその小さなパーティーはいったい何かということをつきとめる必要がある。小さなパーティーは基本的には母と子の集まりであることが多い。一つの地域に母と子の集まりがいくつかある。とくにあかんぼうのいる母親同士はくっつきやすいという一般的な傾向があって、あかんぼうがたくさんいる群れ、あるいはたまたまあかんぼうがたくさんいる時期には大きなパーティーができやすい。そうでないときには小さなパーティーにばらけている。一九七六年から七七年にかけて私が最初のマカレナ調査の際に見たクモザルの群れは毎日あたかも不特定の場所に不定の構成で現れるように思えたものだった。それでも二か月近くにわたって記録を取り続けた結果として見えてきたのは、一定の地域の中には一定のクモザルしか存在せず、その外縁が群れの領域であり、その全数が群れの全員であり、それらがしばしば構成をたがえて観察されているのだということであった（Izawa et al. 1979）。二〇世紀も終わりに差し掛かった頃に私が観察していたマカレナ調査地のMB-2群という集団では、一九九八年に見たときには小集団中心のバラバラの群れだったが、翌年に見たときには毎日のように多くの個体がひとところに集まって行動していた。つまり母子などの個体間関係のあり方（あかんぼうが生まれているとか、多くのメスがあかんぼうを持っているとか）の相違によって、パーティー構成の違いが見られた。もちろんオトナオスの集まり方も群れ全体の集団構成に大きな影響があった。

クモザルの群れは見るたびにその構成を変えるように見える。一言で纏めるなら離合集散である。離合集散というのは離れたりくっついたりすることで、離れたりくっついたりすることに社会的な意味があるというのだけれど、クモザルを見ていて変だなあと思ったことが一つあった。クモザルの群れは多くの場合、前夜から夜明けごろには小パーティーにばらけていて、その後移動しながら鳴き交わしつつパーティーがくっついてだんだん大きな集団になっていく。そのときには非常に頻繁にさまざまな挨拶行動をする。まず呼び交わしをやり、ロングコールと呼ばれる声を上げてだんだん近づいていく。ごく近くに来ると馬のいななきのような「ヒヒ・ヒ・ヒーン」という声を出す。この声はわりあいに近接した状態でのコミュニケーションに使われているとしてカーペンター C.R.Carpenter 博士などが記録している音声（Carpenter 1935）であろう。そういうふうにしながら近づいてくる、あるいはその際に相手の肩に触れるというようなしぐさをする。それを見て多くのクモザル研究者は、クモザルはチンパンジーのように挨拶行動が非常に発達していると言っていたわけである。

午前中に大きな集団になって、おそらくこれは採食集団であろうと思われるが、それが採食と休憩を繰り返すうちに気がつくとだんだん群れのサイズが小さくなっていくのである。ずいぶん遠くに行ってしまうやつもいるのだろうけれど、大半はそんなに遠く離れているわけではなくて、けれども少なくとも周りには他の個体や小パーティーがいない。だから翌朝また「どこにいるんだい？」ということをやらなければいけない事態となる。そのときに気づいたのは、出会いの時には非常に頻繁に挨拶をするにもかかわらず、クモザルは「さよなら」と言って別れていかないのである。それはいったい何だろう。離合集散というと「離」と

「合」が対等なようであるけれど、「離」と「合」は違うのだ。つまり、物理的に離れていくことは彼らにとって心理的に離れていくのではないのだということなのかもしれない。逆にいうと、「さよなら」を言わないことが大事なのではなくて、彼らが出会うときだけ特殊な挨拶行動をするということに意味があるのだ。そのことは、見かけ上あるいは物理的に離れた状態であっても彼らは群れというものをきちんと認識していることのある種の表われではないだろうか。

チンパンジーって別れの挨拶をするのだろうか。まあ、そもそもそういう関心を持って見ている観察者などおそらくいないので、チンパンジーでも出会いばかり見ているのではないか。でも離れることの意味がわからないと出会いの意味も本当には見えてこないのではないかという気がする。群れの中の社会関係・個体関係についていえば、社会的に距離をおいていくプロセスというのは、ひょっとしたら大切なのではないだろうか。そこのところをすっとばしてチンパンジーとクモザルが似ていると言ってしまうのはちょっとまずいかなと思われる。

出会いのときは個体同士が接触する場面だから緊張状態が生じるわけで、そこで何らかの相互作用が起こる（つまり挨拶が発生する）ということはよくわかるけれど、離れていくときにはその個体が離れることに踏み切れば、積極的に離れる場合でもそうでない場合であっても、そのときに「さよなら」を言わないのは至極当然なような気もする。少なくともクモザルが別れていくときには意図的ではないのではないだろうか。結果として別れている、気がついたら別れていた、ということなのかもしれない。ではクモザルでは離れていく個体や小集団を追いかけるということはぜんぜんないのだろうか。別れてしまうことを止めるために声で呼び合うことはあるようだ。しかし、そのときに別れて行くと決めた、あるいは結果として別れる方向に歩み始めた個体が返事をすることはないようだ。別れるときはお互いに気を使わない。接近すると気遣いせざるを得なくなる。離れていくときは別に何とも思わない。でも別れたくないやつもいるかもしれない。そのときには別れたくない方がフォローするだろう。そのときに一生懸命、声で呼ぶ。そういう気分にそいつはなっているわけだと思われる。一方、別れてもかまわないと思ったような個体は声を出さない。だから極めて近くにいるのに、片一方はわかっているけど、もう片一方はそいつがどこにいるかわからない状況を結果として作り出してしまう。それでもクモザルはサーチング（探索行動）という行動をほとんどやらないように見える。

クモザルの社会構造はニホンザルのそれとは相当に異なっているので、このような事例を示しても、ニホンザルの社会性と共同性を繋ぐ理屈としてはちょっと適切でないと考えることも可能である。しかし、私は、このような他種の事例を積み上げることによっても、ニホンザルの真の共同性に迫ることができると考えている。ニホンザルの社会性は、日常的に相互関係を強固に取り結んでいる個体間の相互的志向性によって支えられている。それは互いが相手を求めあうことで一緒にいるということを保障していると言ってもよい。そのような個体の集合の中に共同性の本質を認めることができる。哺乳類においては「一緒にいる」ことを積極的に意味付けするかどうかが、集団の構造を決定する主要な要因となっている。その結果として、単独生活者の種であったり、さまざまな構造を持つ集団に個体が依存する種となったりしているのである。それぞれの種の構造を経時的に維持する役割が性的結びつきの多様性となって表れている。ニホンザルを含むマカク属のサルたちは、母子に始まる個体間の結びつきが非常に強く、同時にそれが遺伝的な意味での家族の範囲にとどまらないで拡大している。ニホンザルが複数のオス・メスからなる混性群であるのはそのような事情によるのだ。その遠因には地域個体群のあり方（群れの分布の様式）や群れの遊動のあり方（群間関係や採食形式）があるのだろう。

さよならの意味論

クモザルの観察から象徴的に浮かび上がってきたクモザルの「さよならを言わない」という行動性向が、社会的存在としてのサルの集団において意味するのは、何だろうか。先の事例紹介では、クモザルがチンパンジーと見かけ上同様の離合集散する集団を構成しているということで、両者の社会形態上の同一視を背景として個体が集まることの意味を論じようとしていた。しかしそこでも、集団の見かけ上のあり方を基にして行動を説明することの問題点がまた感じられていた。社会的な行動を理解する際に重要なことは、そのような表現で個々のサルの種社会が持つ種固有の生活のありようを正しく表出することができるかどうか、ということであろう。そこで、まずは、クモザルが「さよならを言わない」という私自身が見た観察上の事実から、私が客観的に説明できることは何か、という点に絞って考えてみよう。

多くの個体が寄り集まって一つの群れを構成しているクモザルも、実際上の観察ではそのような群れの全体像を見せてくれることはほとんどないと言ってよい。大半の観察事例はその群れの一部のまとまりを見ているにすぎないのである。私が初めてマカレナのサルに出合った一九七六年の調査でもクモザルは頻繁に観察されていたが、その時の観察事例ではグループの大きさは一頭から一六頭という具合で、さらに個体識別が不完全であったために群れの全貌は判然とせず、また群れ全体と小集団との関係は不明であった（Izawa et al., 1979）。群れの全貌と小集団との関係を詳細に考えたのは、マカレナ調査地における一九九八年九月の観察で、その際には群れの全体はおそらく二九頭であった。この群れは比較的大きく纏まったグループを形成することもあり、その中にいくつかの小集団（サブグループ）が認められたのである。この群れはおそらく一九七六年に私たちが見た集団とほとんど同じ遊動域を持つものであっただろうが、元の群れが世代を越えてそのまま存続していたのかどうかはわからない。一日の行動の中で小集団が大きく纏まり、また午後になっていくつもの小集団に分かれていくプロセスは先に述べたとおりであり、その際の「さよなら」がここでの問題というわけだ。この集団がいわゆる離合集散を繰り返す理由は何だろうか。ずっと大きな群れのまま生活していると何か不都合なことが生じるのだろうか。そこに問題を解く鍵がある。

新世界ザルの中でもクモザルは比較的大きな体形のサルである。当然その群れは他の比較的小さなサルたちの群れと比較してかなり大きな広がりを持つことになるだろう。そうすると彼らの採食に適した果実が広範に分布していない限り、すんなりと食にありつける者とそうでない者とが群れの中に生じてしまう。それは群れという社会のあり方としては不都合な事態と言わねばならない。群れの個体サイズは食の分布サイズと整合的なものである必要があるだろう。それが比較的小さなサブグループを持つ理由の一つである。それでは、群れ全体の個体数を小さくしておけばよいではないか、ということも考えられる。しかしそこには群れの集団としての力の大きさが関係してくる。自分たちの専有的な遊動域を確保して、とくに他集団のクモザルたちとやや対立的に生活していくためには、ある程度の個体数、とくにオスザルたちの存在は欠かせないだろう。しかもそのオスたちはメスにとって、とりわけ育児中のメスにとっては、時として敵対的な行動にさらされる存在でもあり得る。そのような状況が、群れ全体を大きくしつつも仲間と出会わない機会を多く作るという生活上の必然性を創出するのであろう。大きな群れでありながら、その時々の場面に合わせた小集団で生活できるという離合集散する社会のあり方は、彼らにとって都合の良い仕組みなのだ。このような要求が群れを分かれさせるとすれば、分かれることにおける主体は分かれるサルたち自身にある。他のサルたちの都合の良し悪しはここでは考慮の対象外であろう。次の出会いがいつであろうとも、今「さよなら」するのはそのサル自身の問題なのだ。だから、どんなに音声の表出パターンが豊富であっても、身振り表現が多様であっても、ここでは「さよなら」は言わない。チンパンジーの離合集散が同様であるかどうか、私は解答を持っていない。だから離合集散という見かけ上の形態を持つ社会が同一の条件で成立しているのかどうかをここで言うことは適当ではないだろう。社会のあり方は種それぞれなのだ。

ではニホンザルのように多数のサルが比較的コンパクトな集団で暮らしている場合はどうだろうか。ニホンザルや他のマカク属のサルたちの調査でも、別離を意味するあいさつが観察されたという報告を私は知らない。複数の個体がいる社会的場から誰かが離れていく状況は群れの中の至るところで散見される。その状況は大別すれば二場面になる。一つは誰かが誰かを追い払うという場合で、概ね追い払う方が音声で脅すか、物理的に追いかけ、飛びつき、押さえつけるなどの行動を伴う。追われる個体はただひたすら逃げるのみであるから、ここで「さよなら」はあり得ない。もう一つの場面は、その場の個体間には何の対話的状況もなさそうであるにもかかわらず、一個体あるいは複数の個体がそっと立ち去る場合である。そこで大切なことは立ち去るサルの行動が他のサルたちを刺激しないことであるから、みんなが気づいた時には当該のサルはすでにいないというのが最上の対応であるに違いない。だから、ここでもわざわざ「さよなら」ということはないだろう。つまり、サルたちの生活で「さよなら」などという状況は生じないのだ。サルの生活は、どこまで行っても、一頭のサルが自分の行動として誰かについていくということで成り立っているのである。それを伊沢（1982）は「頼り頼られる関係」と理解し、陸斉は先行・追随交渉と表現した（陸 1990）が、おおざっぱに評価すればどちらも同様のことを言っているに過ぎない。群れの中のサルたちはいつも他のサルの動向に注意し、同調しようとする性向を持っているということである。そこからあえて離れていくという行動は、一見、関係を断ち切るものであるかに見えるけれども、どこまで行っても一つの集団の中での関係性の調整である。だから、「今は追随しない」という意味を含めた先行・追随交渉なのだということができよう。そこに「さよなら」という当事者の表明が入り込む余地はない。

サルたちの生活をいろいろ眺めてみても「さよなら」という場面は見えてこない。それでは私たちが日常的な行為として認識してきた「さよなら」って何だろうか。ここで、私が考えてきたサル学の中で意識の最外側においてきたサルとヒトという問題に触れざるを得なくなる。「さよなら」という言語概念は人間に特有のものであるか否か。どこにその答えはあるのだろう。

そもそも挨拶という行為は人間の暮らしの中でどのような意味を持つものだろう。私たちがホモ・サピエンスとして生きてきた長大な人間生活の中で形成された社会的規範あるいは道徳としての相互依存的視点こそが挨拶の原点ではないだろうか。私たちにとってすべての挨拶は、他者との間に成立するあらゆる社会的諸関係を前向きに進展させるための推進力となるものである。その中で、個体間の関係を社会的に切り取るような行為として別離や一時的な関係の阻害が生じた際に、それをよりマイルドに社会化させるクッションとして、別れの挨拶が意味を持つのだろう。日本語では単に「さよなら」だけれど、その中には、「いつまで」という期限や、そこに含まれる相手方への感情や、自分自身に対する思い、あるいは評価などが雑多に包含されている。そのような「さよなら」をヒト以外の霊長類にも同様のレベルで想定するのは、不可能ではないかもしれないが、極めて困難なことだと思われる。したがって、サルたちが「さよなら」という場面を見出すことはないと言った方がよいだろう。とはいえ森の中の観察中に、クモザルが「さよなら」を言わないことに対する不思議な気持ちが解消されることはない。それほどまでに彼らの社会的なコミュニケーションは生活の中では、とりわけ社会的順位関係（個体間の優劣）、採食における競合、性に関わる行動などの競争的文脈中では、積極的な関わりとしての挨拶は重要に感じられるのである。それでもサルたちには「さよなら」を言う場面はめぐってはこない。

社会的交渉と親和性

図24は高崎山Ｃ群が寄せ場で餌をもらっている時間帯に周辺の森を歩きながらサルを探していた時に見つけたものである。この高齢のメスは、乳房の形状から見ても何度もあかんぼうを産んだことを示している。これまでの履歴は不明だから、いつも集団の外れで生活していたのかどうかは明らかではない。しかし、群

れの辺縁は他集団あるいはハナレザルとして移動しているオスザルとの接触頻度が高い場所でもあり、とくに繁殖期においては群れの中心近くに位置しているサルと比べても社会的交渉が著しく少ないわけでもない。このようなところで生まれたあかんぼうも、図21の場面におけるサルたちと同様に、それなりの社会的接触を多数のサルたちと交わしてきたことだろう。共同性というのは、人間社会でいうところの共同作業とは意味合いの違うものである。もちろん人間の共同作業もヒトという生物種が持つ共同性に支えられているのだが、サルは物理的な意味での共同作業はしない。むしろニホンザルの場合には、なんとなく一緒にいるということの中に共同性を認めることが望ましいような気もする。

どんな生物でも、他者との関係を取り結ぶためには具体的な行動が不可欠である。しかしその行動が常にポジティブな関係形成を目指したものであるとは限らない。さらに、行動はその個体の心的内的状況を反映するのだから、そのような状況をもたらす空間的な位置とそこにある他者との関係性こそが社会性である。それは共同性ではないのか。クモザルは「さよなら」を言わないけれど、その出会いと別れの

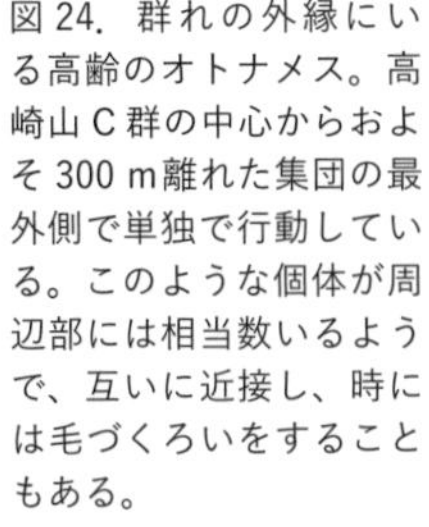

図 24. 群れの外縁にいる高齢のオトナメス。高崎山 C 群の中心からおよそ 300 m離れた集団の最外側で単独で行動している。このような個体が周辺部には相当数いるようで、互いに近接し、時には毛づくろいをすることもある。

非対称的世界の中に、彼ら独特の共同性が見い出されるのである。ニホンザルも同様だ。これまでの社会論で、おとなと子ども、多くの場合には母と子という関係で社会性の側面を見てきたけれど、現実のサルは群れが持つ広がりという空間的構造の中で、自由に、時には擬人的には「絆」にも見える社会的な関係を持つ共同社会を形成していたのだということができるだろう。

その形態にも行動要素にもプリミティブな特徴を残存させている原猿類、とりわけ単独生活者たちを除けば、ニホンザルのような複雄複雌群あるいはマントヒヒやゴリラに典型的に見られる一頭のオスが複数のメスと形成する群れ（単雄群）という形式の集団であれ、オス・メス一対から構成されるペア型であれ、霊長類の社会集団の基本特徴には大きな相違はないと、私は考えている。この点には異論も多いだろう。むしろ、そのような集団構成の違いこそが霊長類内における種進化のプロセスそのものだと考える研究者が大半なのかもしれない。私が「大きな相違がない」と考える根拠は、二個体間の相互的関係が強弱の固定した関係であっても、相互融和的であっても、それ以外の関係性（霊長類の場合には具体的に提示するものが見当たらないのだが）で繋がれていても、そこに集団を維持する共同性の原則は貫かれている、と考えるからである。普段はそのような共同性について、ほとんど注意を払って観察するなどということはないけれども、それは共同性が形として見えないからに他ならない。その代わりに、私たちは社会的行動の記述を通して関係性を理解しようとしているのである。そうだとすれば、種特異的な社会性のあり方こそが、当該種の現在の社会的な構造を指し示す指標として有効なのであろう。しかしそれは、決して種の進化を順序づけるものではあり得ない。少なくともチャールズ・ダーウィンは現生種の生態的特徴をそのまま比喩的に比較して種の変遷を論じたりはしなかった。私たちも、そのような自制的努力はするべきだ。そういった視点で、私は、社会性というものが種の個体間を結びつけ、種を構造的実体として存在ならしめている生物的特性であると考え、その具体的な関係性から導出されるその種の生活史的特性として共同性という概念を用いたいと考えるのである。

共同性から共生社会を見通す

私たちは、ニホンザルなどの集団（群れ）で生活しているサルの個体間の関係の中から、彼らが生活の基盤として持っている「共同性」を、生活上最重要な関係性と理解してきた。それは、単に一緒にいるとか、一緒に何かの所作をするといった生活特徴以上の何かを示している。ニホンザルが纏まった集団としての群れの中で一緒に暮らしているということと、クモザルが離合集散といわれる現象を伴いながら結果として一つの群れを形成しているということとの間には、どんな違いがあるのだろうか。共通して言えるのは、どちらもその集団を構成する大半の個体が、互いに互いを認知しているということだろう。しかし「共同性」の根底にあるのは、そのような「知り合っている」という即物的な繋がりだけではなくて、相互認知を前提とした集団特有の「関わり合い方」に対する全個体が示す主体的傾向なのである。関わり合うことを通して、容易には解体することのできない関係性を成立させると言ってもよいかもしれない。そのような強固な関係性があるからこそ、「私」と「あなた」は代替性を持つことができるのだ。「共同性」に裏打ちされた集団の中では、一つ一つの個体がかけがえのない存在であると同時に社会的役割において相互に代替することができるという関係にあるのだ。このような関係性は単独生活者においては存在しない。

サルの場合にはトランスジェンダーということは考えないでおきたい、と私は思うので、サル社会を構成するのはそれぞれオス、メスの個体であるとしておく。単独生活者のサルを除けば、サルの群れ社会は複数あるいは多数の個体から成り立っているわけだが、個々のサルが持つ彼ら独特の生活スタイルの中に独自の個体性が認められる。一匹ずつの個性と言ってもよいかもしれない。ニホンザルの群れに象徴的に認められるような動物集団のあり方は、それぞれにユニークな個性の持ち主からなる集まりであるがゆえの現象なのである。それこそが「個体性をベースに見た社会性」の捉え方であろう。群れの中に優劣の関係が成り立つのも、見かけ上個体相互の好き嫌いがあるように見えるのも、母子の関係と言ってもそれぞれに接し方が微妙に違っているのも、さらにはオス・メス間の性的・非性的な諸関係も、その個体関係を成り立たせている者たちの個性を背景としているのだ。それらを総称して「個体性をベースに見た社会性」と言っているのである。ここでいう個体性は先述の「私」や「あなた」そのものであり、社会的な諸関係を作り出す源泉である。つまり、そのようなユニークな個体性があるからこそ、それらを相互に関係づけるこれまたユニークな関係としての社会性があり、有機的な社会的諸関係を纏め上げる共同性がそれぞれの場において現出するのである。

共同性は個体からなる全体的構造を支える社会的紐帯の根幹であるのだから、少なくともサルたちの社会にあっては、社会構造そのものであると言ってもよいかもしれない。だとしたらこの共同性は単に個々のサルたちの個体性だけを支えにしているわけでもなさそうである。先に共同性は社会性によって現出するというようなことを述べておいて、今ここでまた、それだけでもなさそうだというのは、言葉遊びのように見えるかもしれない。しかし、私が言っておきたいのは、共同性から発せられる各個体への一種の縛りのようなものがあるということなのだ。社会関係というのは、その根本において、相互に影響し合うということを前提として構造的なのである。だから個体性なしの社会性はなく、社会性なしの共同性もまた成立しない。

ここまで述べてきたような個体と集団を繋ぐ関係の連鎖は、決して物理的諸関係に終始するものではない。むしろ個体性を認識し、その社会的意味を理解し、それらを通じて人間を含めた動物集団の持つ共同性の概念把握に到る道筋をもって、私たちは地球上に構築された自然の動的構造に迫ることができるのである。自然界はその構成員の単なる配列ではなく、それぞれが持つ個性的存在様式のダイナミックな諸関係なのである。現代社会はそのような諸関係を自らの生存基盤と考えて、共生社会と名付けたのである。

5 人間らしい教育の前提としての生物的な発達・学習

―― ヒトの育ちをサルから考える ――

人間とその教育を考える前提として

二一世紀に入って、人間の社会的な存在そのものが危機にさらされている。社会を支える基盤としての技術や仕組みなどというものは、人間自身が生み出し、改善し、文化的営為として進歩を続けてきたのであるが、それ自体がもたらす人間社会とりわけ子どもたちの育ちへの影響に関する評価や対応策についてはほとんど考えられてはこなかった。その背景には、「人間は理性的な存在であり、常により良い道を模索し続けるとともに、そのことを通してのみ、他の動物世界には存在しない高度に人間化された社会システムとしての共存の仕組みや教育のプロセスを制度として蓄積してきたのであり、また現在もその延長上にある」と信じて生きる構図があった。そのような共存観の中には人間の相互関係、経済の仕組み、それらを論理的に統合する理論やテーゼなどの多様な要素が含まれているのであるが、視点を変えてみれば、それらは文明という名のいわば共同幻想であり、人間だけが独自の進化の道を歩んできたという思い上がりで成り立っている安心感でもあった。そのような思い込みは、しかし、現代の病巣というには相当に根が深い問題である。

アリストテレス Aristotelés がプシュケーという概念を駆使して生物界を分け、その頂点に「理性ある存在」としての人間を配置したのは、今から二四〇〇年も前の事であった。この場合のプシュケーは生物の形相（本質的な属性としての「いのち」、あるいは魂）であり、現代科学の言葉に翻訳すれば、栄養摂取能力、成長能力、感覚能力、運動能力、思考能力などによって規定される。また、そこで彼は、感覚と運動能力を持つ生物を動物、持たない生物を植物に二分する生物の分類法を提示している。さらに、人間は理性によって現象を認識する（だから賢い）ので、他の動物とは区別される（「ペリ・プシューケース」：『新版アリストテレス全集 7』2014 所収など）としている。このような考え方の中で生まれた「理性的である（賢い）」がゆえに「人間のみが特別な存在」であるという思考の様式は、西洋哲学史の中で人間を考えるにあたっての、いわば「公理」であり、疑う余地のないものであっただろう。自然学から自然科学へと変貌を遂げつつあった近世以降の学的環境の中で、多くの哲学者（科学者）がこれを継承発展しつつ、新たな自然観を創成していった。たとえば一八世紀、スウェーデンの植物学者のカール・フォン・リンネ（リンネウス Carl von Linné 1707-1778）は『自然の体系』（1735-58）で当時知られていたすべての動物・植物を分類し、命名するという快挙を成し遂げたのであるが、その中で人間をも動物の中に位置づけた。その命名こそがホモ・サピエンス *Homo sapiens* であって、サピエンスとは「賢い」というラテン語の形容詞であることから、リンネもまたアリストテレスと同様に、人間を動物一般から区別する最大の基準として「賢い、あるいは理性的」ということを考えていたと推察される。

「理性」という概念を現代自然科学では「脳内作用」としての「認知」「情動」「行動制御」などのような観

察・測定可能なものとして捉えるようになった。捉えるようにはなったけれども、それが「人間の内面がわかる」ということと等価であるのかどうかは、いまだに未知である。人間を考えるにあたって、一番大切なこと、ファンダメンタルなことはいったい何であろうか。人間が「動物の一員」であるというまぎれもない(?)事実と、人間が歴史的に確認し続けてきたところの「他の動物とは違う存在」であるという認識との狭間で、私たちは自己の存在を問い続けている。人間だけが持つものと、動物であった祖先から受け継いできたものを、現実の共時的場面で人間の独自性として分けつつ、なお生物としての通時的な共同性を認識することは、なかなかに困難なことである。そのような状況を打開するキーワードとして、人間は「進歩」という概念を構築したのではないだろうか。私たちは安定的な生き方を前提としつつ、変化することを希求するのである。変化というのは時間的経過を辿る営為であるから、個人から個人へ、あるいは集団から集団へといった伝達行為が不可欠である。伝達は、概念的には、教育でもなければ学習とも異なる「単なるコミュニケーションのプロセス」に過ぎない。しかし、そのプロセスにこそ、人間が独自に形成してきた「教育」へ連なる過程が存在するように思われる。なぜなら人間以外の霊長類が持つ学びの受容過程は、人間のそれとは本質的な違いがあるからだ。

本節冒頭から述べてきたように、現実の二一世紀社会にあっては、人間が自然の中で獲得してきたところの、いわば動物性に根差した生活感覚や精神的安定性からは程遠い仮想社会に取り囲まれた環境が、人間存在を持続させる基盤として台頭してきた。もちろんそのような傾向は二一世紀になっていきなり始まったものではなく、二〇世紀後半から急激に変貌した社会活動の情報化によって支えられたものであり、またその技術の基礎としてあらゆるコミュニケーションのプロセスにおける電子化・情報化が大きく機能しているのだろう。

私たちはそのように実質化した仮想社会の中で生きなければならない。情報化に先立つ時代を多少なりとも経験した世代にとっては、今の状況を常に批判的に捉えることもできるだろう。しかしそれは、時代を客観的に把握しているという側面とともに、時代のメッセージをきちんと読み解くことができないということも含意するのであって、「そろそろ退場すべき年代」などと揶揄されても仕方がないのである。一つの時代を生きるということは、そのような意味において、これまたなかなかに難しい。

さて本章のテーマは、「人間とは何か」「人間において教育はどのような役割を果たすものなのか」ということであり、それを私なりに「ヒトの育ちをサルから考える」ことによって、人間における教育の本質の一端に迫ろうというのである。私たちが、進歩、成長、成熟などの統一的な概念として理解している現代的な発達観に立脚した「人間の教育」という問題と、これまた現代人が進化という観念の延長上に漠然とした感覚として抱いている「霊長類の進化のプロセスが持ち続けてきたであろう社会的な教育（社会への馴化）」としての「子育て」という概念の関係性を、サルのレベルから読み解き直そうという課題なのである。この問題設定の底には「サルからヒトへ」という魅力的ではあるが正しいとはいい難いキャッチフレーズが通奏低音のように横たわっている。私たちサル類の研究者は、このキャッチフレーズを比喩的に活用して霊長類学の普及に役立ててきた。しかるに実際には「サルからヒトへ」というイメージをそのまま時系列的に、というよりは数直線的に理解して、ヒト科の進化史を読み解こうとする教養人を量産してしまうという愚を犯してきたのかもしれない。そこでは私がこよなく愛するサルたちは、「サルにしては」とか「さすがにサルは」あるいは「サルだからこそ」というような表現で、人類よりは一歩劣るものの、系統樹上はヒトという動物に極めて近い動物群ならではの評価を与えられる始末だったのである。「サルとは何か」ということを語ることは、このように「人間とは何か」を語るにも似た難しさを持っているのだ。

さて、そろそろ「サルの子どもの育ち」の問題に入ろう。本章を書き進めるにあたって、私は親や社会による「子育て」と子どもの「育ち」の違いにこだわってタイトルを考えたのであるが、それ自体がこの設問に対する私なりの解答でもあると言えよう。すべての動物の子どもにとっては「自ら成長する」ということが個体発生上の大原則である。それは彼らが置かれた成長の場に依存するということであるから、他の道を考えようがない。個体そのものが自己分裂することで増殖するような単細胞生物はもちろんそうでなければならないけれど、受精卵という構造によって次世代の形成がスタートする動物であってもその状況に変わりはない。もっとも産卵場所を守るような行動や孵化後の成長初期において捕食等から子の世代を保護するというような行動は、さまざまな分類群においても散見される。しかし個体が「社会的な意味」での集団を形成するようになると様相は少々変わってくる。イワシの群れだって社会的な集団ではあるけれど、サルの社会とは少し、いやかなり違う。ここでいう「社会的な意味」というのは個体性あるいは「他者」の認識（ここまで言っては言い過ぎかもしれないが、あえて言っておこう）を持つに至ったような動物種のことを指すということにしておきたい。だから集団内に社会的な階層構造を持たないイワシなどは対象ではなく、ここで検討する代表としてサル類が人間との対比において登場するのである。

私は長年にわたってニホンザルの社会集団の中で生まれたあかんぼうが成長する過程を観察し、彼らの「育ち」と個としての「独立」、さらには集団の主要な構成員となっていくプロセスを記述することで、ニホンザルの社会性とそこから生じてくるところの共同性について考えをめぐらせてきた。さらには、そのような社会的な場を剥奪されたサルの子どもたちが構築する彼ら独自の社会的な場とそこで発現し、展開される社会的な行動についても関心を持って記録したことがある。最近になって、アカゲザルの群れで生起する社会関係とその中で育つ（あるいは育ちあう）子どもたちについての研究成果、マエストリピエリ『マキャベリアンのサル』（Maestripieri 2007：木村光伸訳 2010）を翻訳する機会を得て、ニホンザルの仲間であるマカク属のサル類については子どもの育ちに関するおおよその感触を持てるようになった。とはいえ、これでサルの育ちの問題がわかったというわけにはいかない。なぜならば、本章の記述で意味するところのサルとは、人間との対比で考えられるサル類の進化全体を網羅的に総括しなければならない対象としてのそれであるからだ。ところがここに大きな問題がある。それはサル類の進化というものが社会的構造の直進性を示さず、とりわけ人類に近い存在として興味を持たれる類人猿の社会構造や個体間の社会的関係性が多様性に富んでいるということである。これは多様性というよりむしろ種ごとに個性的であると言ったほうがわかりやすいくらいであるから、この現象はどのような社会的「育ち」が人間の子どもの「育ち」に近いかなどというような設問そのものを拒絶するのである。そういう点をも考察しつつ、小論を通して、サルを見てヒトの何がわかるかを共有できれば幸いである。

行動学的な発達・成熟と社会成長を促すシステムとしての教育

行動学的な視点でサルの社会関係を観察してきたという私のスタンスから見ると、誰かが誰かに何かを教えるというプロセスが社会的な制度として成立しているような動物は人間以外には存在しないと言わざるを得ない。それどころか人間社会においても教育が制度的役割として存在するのは文明化の結果であって、あるいは百歩譲っても、文明化に随伴する進歩の一側面でしかないだろう。それでは人間も含めて動物一般が持つ学習とはいったい何であり、人間においてシステム化されている教育とはどこがどのように違うのか。その問題を考えるためには、そもそも学びの前提となる社会的な伝達の仕組みと、それを受容する個体の学習能力の実体とその発達過程をよく知っておかねばならない。そこでひとまず、サルの成長・発達におけるコミュニケーション能力の形成と、個体間関係の軸となる身体的な行動要素の発現・発達のあり方を知り、さらにそのようなサルの持つ行動特性に支えられた社会的な、あるいは心的な共同化過程を確かめてみたい。

動物の個体発生（受精卵から始まる個体レベルでの成長・発達の全過程）におけるあらゆる段階で、個体はさまざまな外的刺激にさらされており、外部環境と情報のやり取りを介して、よりよく生きる術を獲得するようにプログラムされている。とりわけ哺乳類では出産・誕生の瞬間から現実的な自然環境とともに、複雑な社会関係の中に放り出される。そこで最初に出会う他個体は、通常は母親であり、子どもは母親との全面的な依存―保護関係から社会生活を始めることとなる。そうして始まる社会的な成長・発達のすべてが、生得的な行動要素の発現と社会的意味を付加しつつ変容する行動発達として観察されるのである。ここではニホンザルの観察事例を基礎として、その実態を俯瞰してみよう。

誕生の瞬間から始まる個体にとっての生得的な行動要素の発現には、一つの大きな特徴がある。それはさまざまな行動を構成する要素としての一つ一つの随意的な動作、外部刺激への反射、音声などが、行動のセットや完成形としての行動の意味性とはひとまず独立に、一見ばらばらなものとして表に現れてくるということである。ニホンザルの初期発達の研究は一九六〇年代からそれなりの蓄積があるものの、このような行動要素の発現に見られる順序性や社会的行動やコミュニケーションの成熟過程などには、あまり関心が払われてはこなかった。むしろ、完成され成熟した行動と未成熟個体が示す行動との対応関係においては、行動の外形を基にした相似的な意味づけが先行したように考えられる。たとえばオス同士で交わされる馬乗り行動（マウンティング）がオス―メス間の交尾姿勢に外形的に酷似することから、性的関係が優劣行動へと転位したものとして評価されたりしたのである。そこでは行動は一つの固定したパターンとして捉えられていたのだと言えよう。しかし、先に述べたように行動要素はそのような完成形とは無関係に出現するように見えている。もし私たちの観察が誤りでないとすれば、それぞれの行動の要素として出現した動作などの単位は、成長のいずれかの過程において個別的で社会的な意味を持つものとして組み立てられるのである。問題はその組み立て方であろう。第3章ですでに述べたが、発達というプロセスに関するバウアーの見解を再度見てみよう。

大部分の心理学者は次のような特徴を持った発達という概念を用いて仕事をしています。発達は累積的な過程であり、後の行動はそれに先立つ行動変化に基づく過程であるとみられます。より複雑な行動は、より単純な行動に、そして「高次な」心理学的機能は、「低次な」心理学的機能の上に成り立つことになります。

（バウアー 1976：岡本夏木ほか訳 1984）

しかしバウアー自身が「あかんぼうの発達観察」から認めたように、あるいは私たちが「ニホンザル未成熟個体の初期発達」の研究から理解したように、「心理学的には（そして行動学的事実によれば）、発達は抽象的（abstruct）から特定的（specific）へと進む」のであり、それぞれに有意味な行動が構築されていくのである。ここでいう抽象的とはいかようにも変容しうる行動要素の性質であり、特定的とはそれらの要素が構成的に行動的作用や社会的意味を明確化していく個体発生的変化を指している。このような理解は、人間においても、動物一般にあっても、それぞれの個体が行動をどのように身に付けていくのかという基本的な問題を考えるうえで、すなわち学習の過程を考察するに際して、非常に重要なことだと思われる。私たちがニホンザルの観察から学んだ行動発達の理論は、生まれながらに置かれた環境の制約の中で社会的存在である未成熟な個体が、成長するにしたがって、どのような社会的な振る舞いを、どのような仕組みの中で自己のものとするのかということを明らかにするものである。もっともニホンザルの場合には、社会性の発達も身体的成長の保障も、すべてが自己の行動の組み立てに依存しているのであって、成長のほんの初期における母親の関与を除けば、そのことに直接的に手を差し伸べてくれる他者は存在しない。周囲の社会的存在者（ニホンザルの場合には概ね群れの中のサルたち）から受ける有形無形の社会性に満ちた刺激と、それに対する応答関係が個々のサルの生きる姿を社会的に規定すると言ってよかろう。それは、いわばコミュニケーション・プロセスのすべてであり、そのことを通じてニホンザルは社会化され、群れのメンバーとしての共同性を獲得するのである。

ニホンザルの未成熟個体がニホンザルとして社会的に成長していくプロセスは、このように自己の行動解発の過程として理解される。そこには人間の成長過程で示唆されるような教育や社会的馴化の道筋は見えてこない。もちろん人間における教育にあっても、すべてが誰かから教えられるというわけではないだろうから、社会的な環境条件に符合するように自らの行動を修正する自己学習の過程を想定することも可能ではある。けれども人間の場合には到達すべき行動の完成点を社会が要請しているのであって、個体発生の上限まで遺伝的あるいは生理的な制御の中で発達し続けることが成熟するということを意味するサルの場合とは、やはり一線を画しておくべきなのではないだろうか。

霊長類の社会的な発達をめぐって

ニホンザルのあかんぼうにとって、社会的な諸関係を学ぶ相手は、母親、同年の他個体、年長の兄弟姉妹、年長のすべての他個体というように、群れの中で拡大していく。そのような関係性の拡大は生後すぐに始まり、あかんぼうの初期においても個体間の関係性の複雑な成長を示すことが観察からわかっている。

この中で母親とは極めて特殊な関係で結ばれているので、そのような関係がそのまま社会的に拡大して群れの一員として必要かつ十分な社会性を身に付けていくとは言い難い。むしろ母親との強固な密着期間を通して、あかんぼうたちは、たとえば何が食べられるのかなどといった生理的な生活手段を学習していくのであり、それはそれで個体として生きるためには重要なことであろう。ここでいう学習には模倣や試行錯誤といった他者からの情報を自己のものにする過程の多くが含まれている。動物一般における学習のプロセスは、動物個体それ自体の環境への適応過程であり、そのために外的世界の情報を的確に把握する生理的プロセスでもある。そして、その過程の全体を通して、個体は他者とのコミュニケーションを取り交わしつつ、自己形成を図るのである。もちろんその前提には遺伝的にプログラムされた成長のシナリオがあり、それをなぞりながら身体も行動も変化していく。しかし、その過程は決して決定論的に固定しているのではなく、先に述べた現実世界、つまり外的環境やそこに含まれる他個体との多様で複雑なコミュニケーションによって修正され、変容し続けるプロセスである。私たちはそれを生物的な発達と呼ぶのである。

ニホンザルの個体発生をつぶさに観察していると、さまざまな行動要素が異なった行動的文脈の中で利用されていることがわかる。それはまさにベイトソンが述べていることと符合する。彼は動物の観察を通して行動というものを理解する方法を学んだのである。

ベイトソンが看破したように、「遊び」と「闘い」という感情的に、また、それをつかさどる生理的背景も異なった状況で生起する行動の中に、「似て非なる」ものとして行動要素が登場するということは、先に述べたバウアーの指摘や私たちの観察が示唆することと一致するものであり、メタ・コミュニケーションといわれる能力を持つ動物には共通するものであると同時に、もちろん人間の発達過程における学習が生み出す諸行動においても顕著なのである。ベイトソンは「似て非なる」と言ったけれど、それは「非なる」ものなのではなくて「同じものが要素として含まれているにもかかわらず、異なった文脈を示す」ということなのだ。ニホンザルの行動研究においてわかったことの一つは、コミュニケーションというものが具体的な外的情報と、それを受けて生起する感情、さらにはそのような関係を通して発現する行動の連鎖が一対一対応的に進行するのではなくて、情報の受容から始まる行動のいくつもの要素の組み合わせとその背景となる伝達の送り手と受け手の間の状況の違いを手がかりに、多彩な解釈を含むものとして了解されていくということであった。さらに、そこで重要なこととしては、そのような能力が発達過程において社会的経験との関連において積み上げられていく、ということなのである。ニホンザルの未成熟個体はそのように発達し、成熟していくのである。そういえば、あんなに活発かつ多様に遊んでいたニホンザルのあかんぼうが性成熟に達して、複雑で緊張を強いられる成熟したサルになるに至ると、少しも遊ばなくなるという事実は、このようなメタ・コミュニケーションによって支えられた伝達系が、より直接的な社会的関係つまり優劣や家系の認識などに置き換わっていくことを示しているのではないか。

ニホンザルの場合にはメスが三・五歳、オスが四・五歳程度で生理的な意味での性成熟に達する。しかし、それらが具体的な性行動としてすぐに社会的な場で行われるかというと、少々複雑なプロセスを必要とする。ニホンザルには晩秋から早春にかけての厳寒期を中心に明確な交尾期が存在し、生理学的な性周期は性ホルモンの増減の季節変動に支配される。したがって春から初夏にかけての同一出産期に生まれた多数の同年齢個体の集団（いわゆるピア・メイツ peer mates）で育っていくのであるが、それがそのまま性成熟まで継続されるのである。そこに年長の個体や群れの中の家系集団の社会的な位置づけが複雑に絡んでくると、それぞれの個体はそれぞれに独特な立ち位置（これを個体間の優劣とか順位序列などという場合がある）に立たされるのであり、そこからは彼らの固有の自分史が始まる。オスは概ね集団を離れて、うまくいけば他の群れの周辺に位置し、徐々にその集団のメンバーとなることができる。通常、メスは集団を離れることはないが、主として母親の属する家系集団に依存的に社会的な位置づけがなされ、そのような優劣関係の中で一生を過ごすことになる。このような、一見社会的な規範に取り込まれるところは、極めて生物学的な社会関係の形成過程なのであって、そこで学習や才覚が発揮されることはまれである。こういうニホンザルの社会的な関係性を詳細に眺めてみれば、個々のサルの生涯を規定する社会的立場やそれを成立させる行動要素の大半が、あかんぼうや子どもの時期の仲間関係の形成に依存的であることが良く理解できるだろう。そういう意味においてニホンザルの子どもは他者との関係の持ち方を自ら構築しなければならない、すなわち生得的に発現してきた社会行動の要素を発達時期に応じて適切な社会的交渉の行動としてのコミュニケーション・ツールにしていかねばならないのである。サルは主体的に学ぶのだけれども、他者から外挿的に教えられることなしに社会性を身に付けることができる。これはニホンザルにおける共同性の獲得過程であり、何よりも、サルたちがイワシなどの群れとは決定的に異なる社会的存在である点なのだ。

こういう話の展開から必ず発生する疑問は、「それではニホンザルなどに比べても格段に〈人間に近い〉チンパンジーのような〈高等な〉類人猿では、もっと人間的な学習や他者による教育が存在するのではないか」ということであろう。この点についても、私は否定的であるとだけ言っておきたい。

チンパンジーの持つ認知能力の高さは、外的世界を認識するのみではなく、内的感情のコントロールや抽象性の高い概念の操作の可能性を実験的に示すことによって確認されつつある。また、チンパンジーのDN

Aの分子構造と人間のそれが九九パーセント近く一致しているということも、チンパンジーに人間と同様の社会的な行動（たとえば教育的行為の萌芽）の可能性を示唆するものであるという予見を導きやすいとも考えられる。東アフリカでの野生チンパンジーの行動研究においても、社会的優劣関係を変動させるような行動を劣位の個体がとることで、集団内の順位を上げたなどという報告事例もある。また母親の順位によってオトナオスの優劣関係が操作的に変動したケースなども飼育施設や野外で観察されている。

もちろんチンパンジーの社会においても個体間関係の端緒を形成するのは母子の繋がりであることは変わりない（図25）。ただ彼らの成長が非常にゆっくりとしていることから、年齢の近接した兄弟姉妹を持つことはほとんどなく、また群れの中で同年齢に近い仲間の集団を形成することも難しい。さらに離合集散を頻繁に繰り返す社会集団の特徴から見ても、他者と一緒にいることですぐに学ぶ機会が豊富であるとも言えないだろう。チンパンジーの場合には、むしろ長期にわたる緩やかな成長期の中での関わりの繰り返しが、彼ら本来の社会的諸関係を取り結ぶ行動を掴んでいくプロセスとして重要なのではないの

図25. チンパンジーの母子

だろうか。とはいえ、それらの社会性の体得と共同性の発達において重要なのは、やはり他個体からの模倣や協調的獲得なのであって、育ちゆく個体自身の能力によっているという点では、ニホンザルなど普通のサルの成長・発達観と異なるわけではなさそうに、私には思えるのである。

成長における社会的な場の重要性

ニホンザルの社会的発達を観察していると、彼らの成長が他者とくに同年齢の仲間との関わり合いの中でスムーズに進行していく様子が見て取れる。それはあたかも仲間とともに成長する相互的な関係性が個体発生の過程において自律的に発現しているかのようであり、また成長初期に一気に表現型となって行動要素の中に現れる諸要素が、仲間とのやり取りを通して秩序化していくもののようにも考えられる。通常はそれらを外面的に捉えて成長とか発達とかという言葉で言い表しているのであるが、実際にはそのプロセスを継時的に把握しておく必要がある。そこで、すでにずいぶん昔の実験ではあるが私自身が取り組んだ観察事例を紹介しつつ、ニホンザルの子どもの発達に潜んでいる問題点を考えておきたいと思う。

私は一九八〇年代前半の一時期をサルの個体発生の理解のための実験的な仕事に費やした。実験的と言っても、特段に難しい機械を使ったわけでも、サルに過剰な負担を与えたわけでもない。ただ、遊動するというサルの本性を遮断するような空間において飼育されているニホンザルの集団を観察したに過ぎない。それでも、野生状態や餌づけ状態のサルでは十分に観察されない現象を、たくさん見出すことはできた。そのいくつかは当時すでに報告している（木村 1984）が、それらの観察はあくまでもニホンザルにおいて観察された事実を提示していただけであって、簡単に言えば「サルだって閉塞された状況に置かれれば、おかしな行動をしますよ」ということにすぎない。ところで、前田嘉明という心理学者がマクドゥガル McDougall の著作（1936）における記述「およそ本能的衝動にかられている動物は、たとえ、目標物が眼前になくても、行動をさしひかえておくということをしない。衝動はおそらく常に行動となって表現されるものである」に対して、次のように述べている。

本能的な衝動を興奮させている動物は何らかの行動を行わずにはいられない（前田 1980）。

かつて京都嵐山の餌付けされたサルを観察していた頃、私は何度も特定のおとなのメスザルが観光客を脅す際に、自分の右手首を噛むという行動をすることに気づいた。しかしなぜそのようなことをするのかということについては、怒りがストレートに発散されず、したがって対象を失った情動が自己へ向かい、それが癖のように発現するのであろうとしかわからなかった。それは怒りの対象がサルではなく、ヒトに向かうときに見られる特殊な現象である、つまり異常行動の一種なのだということで、なんとなくわかったような気がしていたのである。それはまた、動物園の狭い檻の中で飼育されているサルたちにも共通の現象であり、多くの見物客の驚きを誘う現象でもあった。閉所に伴う行動という点では、意味もなく同じところを同じ歩調で往復するシロクマやトラたちの行動とも共通するものとして理解されていた。いわゆる異常行動という理解なのだ。

しかし、件の嵐山のサルは、よく観察してみると、相手を人間に限らず、サル同士の争いにおいてもその行動を示した。また、高崎山に生息し、日中の多くを麓の餌場で過ごす巨大な群れの中においても、そのような行動を示すサルが現れた。このような行動はメスに限らず、おとなのオスにも少ないながら認められている。では、彼らはいったい、いかなる段階でこのような行動を身に付け、情動を通常とは異なるやり方で解消するようになったのであるか。残念ながら未成熟個体からの長期にわたる追跡観察で、このような行動の個体発生を追った事例は、私の観察の中にはなかったので、もう少し精度の高い観察をするべく、実験条件を設定して、観察を行ったのが、次に示した事例研究である。そこでは、通常の生活環境からはやや離れた生育歴を有する個体を観察することで、これまでわからなかった関係を明確にしようとして、母子隔離経験を持つ未成熟個体だけで成立した小集団における社会的な相互関係の観察実験を企画した（木村 1984）のである。観察は以下のプロセスにしたがって計画され、実施された。

実験的観察：子どもの出会いと対応的行動

私がまだ研究機関の定職を得られずに、日本モンキーセンターと京都大学霊長類研究所の周辺をうろうろしていた時期に、京都大学霊長類研究所心理学部門の室伏靖子教授、南雲純治技官（いずれも当時）らの助言と協力並びに飼育管理補助を得て、下記のような実験条件が整えられた。

被 験 体：生後一日から一週間以内に母子隔離を経験し、その後、個別ケージにおいて単独で飼育されている個体。およそ二・五才。オス・メス各二頭。
生育環境：身体接触は阻害されているが、視覚、聴覚、嗅覚などにおいては互いを認識可能な状態で飼育されていた。また、飼育中に、短期間の同居（プレイルーム）や短時間（一回一〇分程度）の出会わせ実験に供与されたことがあるという。そういう意味では完全な隔離飼育個体とは言いがたい。
実験状況：四個体を三・三×三・二五×二・五メートルの空間で同居させ、およそ二か月にわたって観察した。
実験期間：一九七九年一二月一〇日〜一九八〇年二月六日
実験場所：京都大学霊長類研究所本館地下飼育室

グルーピングの初日から、四頭のサルにはそれぞれ固有の固着的な行動が発現した。当時の記録から出会わせ時の様子を再現してみよう。

一九七九年一二月一〇日、午前九時一〇分より四個体の同居を開始。クミ(♀)、ハナ(♀)、サブ(♂)、ハチ(♂)の順にケージ内に放され、その直後二時間にわたって観察を行った。集団形成後、四頭とも激しく動きまわり、その間にいくつかの攻撃的行動（噛みつき、激しい追跡など）が観察されたが、二日目以降は著しく減少し、激しさの程度も見かけ上、乱暴な遊びの場合とほとんど変わらないまでに低下した。観察一日目にすでに　サブ＞ハチ　＞ハナ＞クミ　の順で個体間の優劣関係は安定し、その後、変化することはなかった。

このような状況の中で四頭の個性的な反応が認められた。最も劣位に定位したクミはほとんどの時間を壁際でロッキング rocking を繰り返して過ごし、他の個体との接触を持たなかった。他の三頭間では二頭あるいは三頭の参加する遊びが見られたが、それらの行動の大半は、抱きつき、あるいはしがみつきとなることが多く、相互交渉を伴ういわゆる乱暴遊び rough and tumble play はほとんど観察されなかった。

一方、同居初期においてすでに、すべての個体で、いわゆる常同行動が発現していた。その中には自分自身の身体を掴む body grasping、指しゃぶりなどが全個体に見られ、ハチはこの段階で自分自身の手を噛むしぐさを行っていた。さらにサブ、ハチは壁面を利用してターンを繰り返すしぐさをすでに見せることがあった。

図26は壁に頭を擦りつけるようにしてロッキングを繰り返すクミである。この個体は他の個体との接触が著しく少なく、身体的隔離による影響が社会的成長に対して極端に抑制的に働いていると考えられる。サブもまた二週目以降から同じような行動を見せた。図27は背部からハナに抱きつかれたサブが、その場に座った姿勢のまま、自分の左手を噛み、右手で顔をたたきながら、ロッキングを行っているとこ

図26. ロッキングを続けるクミ

ろである。これは明らかに対象を見失ったサルがその攻撃性のはけ口を自らに定位し、他者に対する攻撃の衝動を、自らを攻撃することによって、解消しているものである。これを自己指向性の攻撃行動を呼ぶ。ここでいう攻撃性こそ、健全に育つ個体に共通の、社会的に積極的な関わり方の基本である情動であり、適切な社会関係を取り結ぶことのできない個体間では、自己へ向かう行動として解発させる以外には解消することができないのである。

図28a、bでは、どこにも対象を見出せないままに、サブがフェンスにくっつき、座り込んでひたすら自らの手を噛み、自己の中にすべてを埋没させてしまっている。具体的な攻撃対象から転位するのではなく、初めから対象が特定できない怒りの衝動を、サブはこ

図27. ハナに後方から抱きつかれても反撃せずに頭を抱えてロッキングを続けるサブ。これは隔離飼育されたニホンザルで生起する代償行為としての自己攻撃である。前の個体は、後ろの個体の抱きつきなどには反応せず、自らの手を噛み、頭を前後に激しく揺さぶって自らの行動に没頭している。

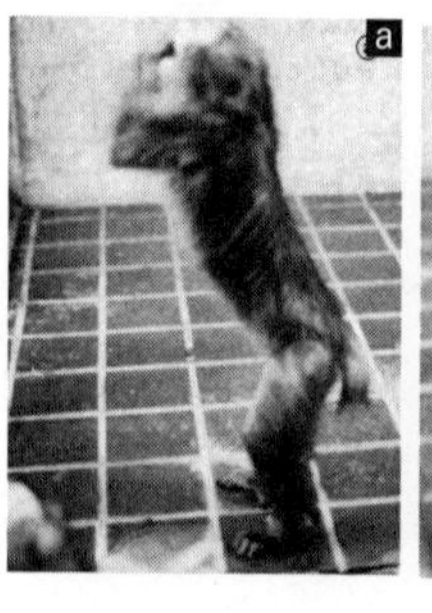

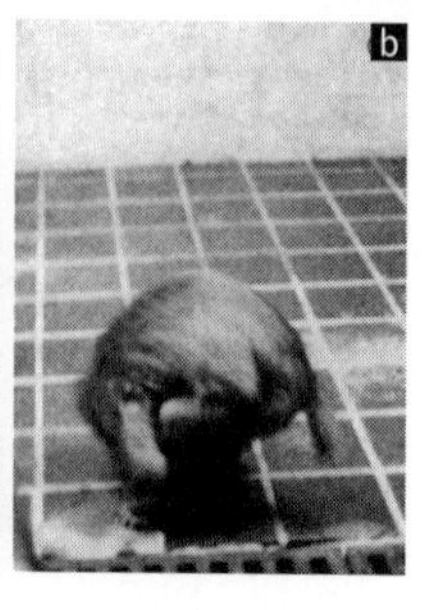

図28. フェンスに向かって自己志向性の攻撃行動を繰り返すサブ

のような動作を通して解消しているのであろうか。

学びの生物的本質——サルと人間を繋ぐもの——

私にこのような古い実験場面を思い出させたのは、その後、ある小学校の特別支援学級の子どもたちとふれあう機会を持ったことによっている。そこでは子どもたちを観察対象にしようなどと思ったことはなかったのであるが、その小学校には、当時二年生から六年生までの五名の子どもたちで構成された学級があった。A子さんは五年生で四年生二名と二年生一名のお姉さん役を自ら買って出て、なにくれと世話を焼くのを好む女の子であった。中程度の知的遅滞児である彼女には健常者の妹がいて、その成長に伴って彼女と妹の関係がおおよそ逆転しつつあるようで、そのことはおそらく彼女の自尊心をいたく傷つけていたのかもしれない。学級の中で、彼女は数年前から自分よりも年少のBくん（ダウン症）やCくん（自閉症）の世話をすることに、大きな喜びを持ってきたようである。しかし、そろそろ自立し始めていたBくんは彼女の世話とつき合いながらも、少々不満なところがあって、しばしば彼女の世話を嫌がり、あるいは無視するようになりつつあったようだ。そのような態度で拒絶された彼女は、突然自分の右手首に噛みつき、噛みつきながらBくんとの社会関係（自分の意に沿うように彼が振舞うこと）を持続させようと何度も試みたのである。そのような行為がいつ頃から始まっていたのかは、詳らかではない。だが、ここで大切なことは、A子さんが見せた「手を噛む」という行動が、自らの怒りや困惑の衝動を、自らの行為を通して、自分自身の内部へと解消するのではなくて、その行為によって自らの情動を、おそらく無意識下においてコントロールしつつ、社会的接触を持続しようとしていた点である。実験下で見たサルの子どもたちの行動と比較して、その点が際立って異なっていることは、とくに強調しておくべきであろう。

常同行動あるいは代償行為は、しばしば社会的諸関係を断絶させる行動として否定的に取り上げられてきた。サルの観察からもそのように見えていた。しかし、A子さんの見せた行動は自傷的ではあるけれど、社会的な繋がりを求め、なおそれが満たされない状況下で生起するという点で、はっきりと社会的な、そして他者にたいしても自己にとっても、意味のある行為であることがわかる。ただ、他者に親切に振舞うことが、相手から見れば自己の行為の抑制要因でしかない場合には、拒絶という場面が当然現出するわけで、その際に、A子さんのように、自己の意図が受け入れられない者にとっては、相手ではなく、自らに行為の対象を移すしかないのであろう。相手を傷つけるのではなく、自らに向かう怒りの衝動は、あまりにも社会的にやさしい行為であり、彼らの世界における共生のシンボルである。それがたとえ健常者の情動の解消法や内的刺激を定型的な行動を通して解発するやり方とはずいぶん異なったものであったとしても、彼らの文脈は十分に、社会的にコミュニケーティヴなのである。

動物実験における異常行動の延長としてしか、子どもたちの行為を見ることができないとすれば、A子さんの行為は知的遅滞児の困った行動であるという以外には受け取られないであろう。しかし、それは他者を求め、自分を他者との関係において定位する行為であったのだ。行動評価はしばしば観察者の経験に支配される。しかし、子どもたちの中で現れる代償行為には、生起してしまった怒りの衝動を、あるいはもう少し健全な呼び方をすれば攻撃的な衝動を、適当な対象に定位するという意味で、社会的に全く正当な行為なのだということを、私たちは理解すべきなのではないか。ある種の行動療法というものが成立するとすれば、それは衝動―行動関係のまっとうな理解に立脚したものでなければならない。そこにこそ正しい生物観に根差した人間教育の神髄があるのだ。

第二部

共生概念の再検討

6 多様な共生事態

共生の定義的理解

ここまで主としてニホンザルの社会の持つ重要な特徴を社会性と共同性として理解しつつ、サルたちの生活を覗いてきた。それはつまるところサルたちが自分の個性を発揮しながら集団の中で暮らしを立てていくという、いわばあたりまえの生活を再確認する過程であったと言えよう。そこからはニホンザルの社会生活そのものが有する個体間の持続的で能動的な関係性を見て取ることができるだろう。それが彼らにとっての集団における共生事態なのである。

共生とは、複数の主体が共時的に、また通時的に存在することによって成立する関係である。このような関係は、空間の共有を意味する、と同時に、各主体の歴史性とともに主体間の関係の通時性すなわち時間的経過を前提とするものである。したがって、われわれが共生しているという関係性を問題にする際には、必然的に共生関係にあるものの間に横たわる時系列的な順序性、関連性、前後性などを顧慮する必要がある。

共生社会を考える前提として、私は生物学的な定義とともに文化相対論的立場あるいは多文化主義に基づく共生社会論の前提条件を提示し、そこでは共生概念を次のように多元的に定義しようと考える。

ここでは相互に相手を許容する関係、あるいは依存する関係が問題となるのだが、実はそれはもう一つの生物特有の関係性を前提として成立するものである。そのような関係性について、二〇世紀の生物進化学を先導してきたエルンスト・マイア Ernst W.Mayr が、九〇歳を過ぎて執筆した二一世紀の生物学者へ向けた遺書とでもいうべき著作『これが生物学だ』（Mayr 1996：八杉貞雄・松田学訳 1999）の中で、非常に重要なことを指摘している。それは生物が共存する状況（あるいはそのような状態が作り出される継時的推移）においては競争という関係が不可欠であるということだ。この一見矛盾した指摘の中にこそ、生物学的な意味における（つまり symbiosis としての）共生概念の真の意味を見出すことができるのである。

共存の前提としての競争という考え方は、人間社会の共生論においてはなかなか受け入れられにくいものであろう。しかし、通俗的な表現を借りれば、「喧嘩するほど仲が良い」ということであって、そのような関係性は、さまざまな人間関係の中では普遍的に存在すると言ってもよいだろう。もちろんこのような事態を、すべては思惑と駆け引きに依存する昨今の政治状況に重ねて理解しようとするのは無謀な試みであって、今回の議論の対象ではない。

生物的共生場面とは

生物的共生という言葉が醸し出す生物的世界の状況はいかにもハーモニックなものである。熱帯林を想像する人や、サンゴ礁の海を乱舞する色鮮やかな熱帯魚をイメージする人たちにとって、それらは予定調和とさえ言いたくなるようなバランスを前提する世界でさえある。とはいえ、現実の自然に一歩踏み込んでみれば、それがいかに非自然的な幻想であるかということに気づかされる。自然と向き合ったときに、自然は私たちを圧倒し、その複雑なシステムを前面に示してくれる。

私は、一九七六年以降、長年にわたって生態学的研究の主たる調査地としてきたコロンビアのマカレナ熱帯雨林の中で、しばしば巨大な樹木の終焉に遭遇し、自然の歴史的な転換と継続の妙を体験してきた。真夜中に大音響とともに崩れ落ちる巨木とそれに引きずられるように連動して倒壊する周辺の樹木群は、悠久の時が流れる緑の絨毯にとてつもなく巨大な、時には直径一〇〇メートルにも及ぶ穴を穿ち、風景は激変する。それはサルたちが空中に展開する通り道を分断し、夜の鳥からねぐらを奪い、昼間の鳥たちに休息の場を失わせる。何百万頭もの昆虫たちが、その瞬間から生活の場を新たにするために動き出す。植物たちは光と空間の争奪戦を始め、瞬く間に緑によってその場は埋められていく。すべての生物が生きるための戦略の全面的な変更を迫られるのである。熱帯雨林に生きる者たちにとって、それはまさに宇宙の崩壊なのだ。そしてその崩壊は彼らの新しい生活の始まりでもあり、飛躍のチャンスそのものでもある。

生物の多様性の微妙なバランスは、このような生物それ自体の生命あるいは寿命と、環境の物理的な変動との上に成り立っている。しかしわれわれ人間はそれを、神の配剤として捉えることで、自然界の不可思議さを人間理解の超越的構造として「捉えよう」としてきたのである。つまり、生物学として客観的な科学的態度を通して自然を解明しようとする人間行為そのものが、実際には自然を複雑であるがゆえに理解困難なものとして対象化していたとさえ言えるのである。このような態度を大っぴらに表明する生物研究者はいそうにもないけれど、それは、現実には複雑系としての自然界を解法なしに理解しようとする一種の不可知論を生み出し、観察事実の羅列を重ねることで、あたかも一つの世界を理解し得たかのように見せる一種のトリックに過ぎなかった。生態学と称する分野においても、自然をフィールドにする写真家にさえ追いつくことができないような自然観察研究は少なくない（いや私自身がそうなのかもしれない）し、科学的事実としての生態学的トピックスを「こんなに珍しい世界があることを私が最初に発見した」というような、あるいは「私しか見たことがない」という優越的態度も横行する。研究態度がこのようになれば、それ自体が科学の進展を阻む要因にもなりかねず、あえて言えば、これは科学の敗北である。

さて、そのような非科学的対応はともかくとして、生物学的事実に立脚した研究が、人間研究へと拡大した時に、生物原則としての共生観は、そのまま人間社会における共生と同義に論じられるものとして理解できるのだろうか。

考えてみれば人間を取り巻く自然という存在は、先述のアマゾン熱帯雨林で見た巨木の倒壊から始まる森林環境の大変動のようなカタストロフィックな変化の繰り返しによって持続している。人類進化の揺り籠とされる東アフリカの乾燥した自然を形成してきた元凶の大地溝帯はそのような変化を五〇〇万年以上にわたって維持し、今も毎年少しずつ裂け目を拡大しているという。ただし、そのような環境変化に対する適応などという自覚を持って人類が進化を遂げた（環境を主体的にかき分けてきた）わけではないという意味において、人類は崩れ落ちた大木の周囲で右往左往するアリたちと同類なのである。また進化という長大な物語の中では「少しずつ」は「穏やかに」を含意しないということも肝に銘じておかねばなるまい。災害とはそのようにして生じる現象なのだ。

上記のような歴史的理解を背景に生物学的共生と、人間社会の共生事態との相同性あるいは相似関係を検討してみよう。もちろん人間の問題が生物概念の中に包摂可能かどうかはひとまず措いておくしかあるまい。この問題は本章の最後に考えよう。

いずれにしても、共生の問題の根底には生物社会が持つ多様性という概念を正確に理解する必要が横たわっており、それはまた、多様性を生じた歴史時間との関係、すなわち、進化の総体と関係する問題なのである。

生物多様性の理解

生物多様性を生態学のみならず進化生物学の最重要概念だと看破した昆虫学者のウィルソン E.O.Wilson は「人間の倫理的義務は、何よりもまず慎重さということである。私たちは生物多様性のどんな小さなかけらであっても一つ一つをかけがえのないものとし、それを利用することを学び、それが人類に対してどんな意味を持つのかを理解しようと努めなければならない」（Wilson 1992）と述べて、生物多様性が単に生物概念にとどまらず、人間社会の基本的な成立原理であるとともに、人間の倫理的義務として遵守すべき事柄であると主張した。ウィルソンはアリ科 Formicidae の社会構造の研究者であり、一九七〇年代には名著『社会生物学』によって、進化という基本原理で動物行動、行動生理、精神活動（心的活動）、個々の社会行動、さらには種固有の社会構造とその生態学的変異のすべてにわたる一元的な説明可能性を示し、一躍著名な生物学のリーダーとなった。その学説はアリのような社会性昆虫の制約を大きく超えて、動物一般の生態原理を通底する普遍性を備えたものとして生態学の世界に受け入れられたのである。

ウィルソン以降の生態学は、かつての『侵略の生態学』(1958：川那部ほか訳 1988) に代表されるチャールズ・エルトン Charles Elton の考え方に取って代わった。すなわち進化的時間として捉えられるほど長期に及ぶ種間の関係が、種相互の関係を相互依存、時には相互扶助をも連想させる生態構造を形成してきたとするエルトン流の生態理論とそれを日本風にアレンジした川那部の「関係の総体」論は大きな転換を余儀なくされたのである。エルトンも川那部も観察事実を大切にするリアリストであったけれど、事実を超える抽象を進化理論と結びつけることができなかったのである。しかし、それはエルトンたちの考え方が生態学的説明として誤ったものであったということではない。彼らの理論がウィルソンのそれに乗り越えられたかに見えるのは、ウィルソンの『社会生物学』(1975) に示された膨大な、そして多様な生態現象紹介の多様性に対して、当時の生態学の世界が圧倒されたからに他ならない。実際、多くの生態学者や進化生物学者が、ウィルソンの理論に対して懐疑的な態度をとったことで、社会生物学という新しい学問の提唱についての議論が、何よりも事例の具体的現象そのものに集中して、ウィルソンの理論が機械論的かつ数学的整合性に誘導されすぎているという批判に繋がったのである。日本の多くの生態学者も批判する側に立つ者が多かった。とくに当時を代表する著名な研究者、つまり教授クラスの学会指導者の中には、ウィルソンの理論に反感を覚える者も少なくなく、そういう意味では新理論に対して積極的に迫ろうとする若手研究者との間に少なからぬ軋轢すら生じたのである。現代の生物科学に触発されて展開した生態学の「生物多様性」観は、全体としては、残念ながら「社会生物学」と科学的に交差するものとはならなかったのである。とはいえ、この対立は無益ではなかったと私は考えている。

上記のような時系列的プロセスを経て、日本の科学的進化論の体制は、いよいよ「生物多様性」から「共生社会」をキーワードとして論理化されてゆく。そろそろ、生物多様性こそが生物社会を理解する最大の原理であり、進化の結果を示す現生種（生きた化石たちと言ってよいだろう）の集積が見せる現実の自然のありようなのだ、そしてそのような自然のありようこそが共生社会なのだ、という立場の理論的主張に迫ろう。

マカレナ調査地における霊長類の長期にわたる調査結果を基に、私はその地に生息する七種のサルの分布様式に関して、私なりの理解を示した。その主張の中心は、霊長類の重層的な集積による種の分布の密度化の根源には、それぞれの種が属する上位概念としての分類群（属）に認められる結果としてのすみわけが存在するということである。マカレナには七種の広鼻猿類が同所的に生息しているが、その種間は相互に同所性を許容してはいるが、決して固定された結びつきで相互支配しているわけではない。むしろそれぞれの種とその近縁種との関係で、相対的にその場に位置しているにすぎないのかもしれない。一つの種、たとえばアカホエザル *Alouatta seniculus* には同所的には生息できない他の多くの同属他種が存在する。私はマカレナで同種を観察しつつ、メキシコやグァテマラのユカタンクロホエザル *Alouatta pigra*、パナマのマントホエザル *Alouatta palliata*、ブラジル・パンタナルのクロホエザル *Alouatta caraya* などを比較調査してきた。それぞれの種は固有の分布域を持ち、同属の他種とは完全に生息域を異にすることで、独立した種としての生態学的地位を形成していた。ただし、グァテマラからメキシコ南部に生息するユカタンクロホエザルは、コロンビア北部からパナマ、コスタリカを経由してメキシコに至る中米全域で生息分布が確認されているマントホエザルと、どのようなすみわけになっているのかがまだ十分には明らかになっていない。これを明確化するためにはさらに一〇年程度の広域調査が必要であろうが、私自身がフォローできる時間はすでになく、メキシコの若い霊長類研究者たちに期待する他はない。それはともかく、ホエザルの持つ多種間のすみわけの現象こそ、一つの属における分布様式の実体であるとともに、それらが自然条件の物理的側面や生息域の流域構造、あるいは森林の持つ生態学的特徴の多様性に依存的に、かつ固有に形成されたものであることは間違いあるまい。生態学者の多くは、一つの属や種に特異的に研究対象を絞り込むことが多い。それは一つの種を理解するために必要な時間が個人の生涯の研究時間に匹敵するからで、たくさんの対象を研究しようとすれば、一つの対象にかける時間を節約あるいは省略するしかない。しかし、そのことは研究の精度を下げ、比較生態学的検証に耐えることのできる資料を収集することを覚束なくさせるのである。そこで、たとえば、私は調査の大半をアカホエザルの調査に費やし、必要な限りにおいて比較対象として他の近縁種の分布や直接観察による生態調査をしてきたのである。

マカレナのアカホエザル（図29）は上記のような理由（同属他種との関係）でそこに生息している、あるいは生息しているに過ぎない。それはある意味では偶然の所産ではあるが、歴史的事実であって、そのような全体的な分布をすることによって、他のホエザル属 Genus Aluatta のサルと生活の仕方やそこから生起してきた形態的差異を生じたのである。生態学的差異や形態学的差異を背景に、私たちは種分化を論じてきたのだが、現在ではそれらのさらに背景として物質的証拠が、そのような種分化の事実（あるいは結果としての証拠）を示してくれる。それが分子生物学的成果であり、端的に言えばそれぞれの種が持つ固有のＤＮＡの分子構造と種内変異なのである。

さてそれでは、マカレナでアカホエザルと同所的に生息している他の六種のサルたちはそれぞれのどのように種の分布を確定してきたのであろうか。

マカレナにはアカホエザル以外に、ケナガクモザル *Ateles belzebuth*、フンボルトウールモンキー *Lagothrix lagotricha*、フサオマキザル *Sapajus apella*、コモンリスザル *Saimiri sciureus*、ダスキーティティ *Callicebus moloch*、それに夜行性のヨザル *Aotus Lemurinus* が生息している。それぞれの種はそれぞれにたくさんの同属の種を有しており、アマゾン熱帯雨林を中心にコロンビア東部乾燥地帯（ジャノス llanos）およびアンデス山岳地域へと複雑な自然の物理的環境に対応して成立してきた多様な植物環境の中で種の多様化を果たしてきた。結果としてマカレナ調査地の近傍に生息域を持つ種が、私の観察対象となっているのである。種の分布をそのようなものとして捉えると、ある時には一つの種の分布限界は、たとえば大河による遮断によるものであり、または急峻な高山や降雪、あるいは極端な乾燥地などによる分断などの結果として生起する。すなわち外部要因に規定された分断なのである。私たちはしばしば近似の種が相互に接触しあって分布域を確定

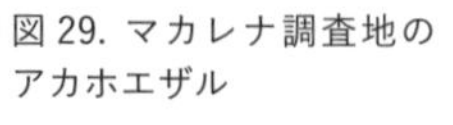
図 29. マカレナ調査地のアカホエザル

していくという構図を描きがちであるが、実際の分布の確定とはそのようなものではなくて、むしろ分断の結果としての種形成を考えた方が実際に近いのではないだろうか。これは従来から隔離による種形成としてよく知られている現象であるが、隔離のように生物に対する変化を必要とさせるような圧力がないか、あってもわずかである場合には、種の特徴の変化には相当に膨大な時間の経過が必要となるのである。偶然の作用による突然変異によって引き起こされた中立的な分子遺伝が、特定の意味を持つか、もしくは無意味であっても形質変化に関係するか、というような場合に限って、隔離効果としての種形成は現実的なものとなる。

このように考えると、四〇〇〇万年もの長期にわたって大きな気候変動を経験してこなかったと考えられるアマゾン低地のようなところでは、地形の改変に伴う隔離と融合が緩やかな新種形成の大きな要因となるに違いないのである。もしそうだとすれば、種形成は生物の（そうならねばならないという意味における）主体的変化であるというより、外部要因の偶発的変化によってたまたま得た生態的地位 ecological niche との関係で生じた揺らぎのようなものとして理解しなければならない。

アカホエザルを含む七種のサルたちが、私のマカレナ調査地に同所的に生息しているという事実は、このように個々の種がそれぞれに経験した固有の環境史の上に成立しているのであり、七種それぞれの間には何らの必然的な進化史的背景があったわけではない。自然はそのように時間を刻みながら、気まぐれに種を関係づけていくものなのだ。とはいうものの、いかなる偶然であっても、同所的に生活するという状況下に置かれた種とその個体あるいは個体の集合として個体群（具体的には群れのようなものを想定すれば良い）にとっては、近縁でない他種と生活域を分かち合う必要が生じてくる。そこでは歴史的背景も多少は関係するだろうが、むしろ今の関係、たとえば何を食物として確保するかとか、すみかとしての空間が必要かどうかとか、巣穴が必要なヨザルのようなサルであれば、どのようにそれを満足させるような適切な大木を遊動域あるいは排他的なわばりの中に確保するか、などの生活上の諸問題が発生する。そこで初めて生活における多様性に依存的な種の多様性、そしてその結果として生じるであろう形態上の特殊性を前提とした種の多様性が、結果的に見れば短期間で生じるのであろう。急速な種の進化はそのようなことでも現実のものとなる。

生物多様性は似た者同士の種において明確化し、意識される。つまり系統発生的根拠に依存的であるかに見える。もちろん系統発生的類似性は時系列的に分化の方向へと拡散していく。それゆえに、最終的にはもはや同所的にさえ存在可能となるかもしれない。種が重層的に生活可能となるのはそういうときであり、実際に私たちが見る自然の複雑さはそのような時間と空間が織りなす曼荼羅なのである。それが生物社会における、いわば自然科学が承認する「多様性」の理解だ。

7 人間社会の諸問題

文化の多元性と多様性をめぐって

現代人ホモ・サピエンス *Homo sapiens* の起源と変遷をめぐっては、二〇万年前にアフリカ南部で成立した祖先から、今や地球規模に拡大した生活域を有する二一世紀時代人（私たち自身）に至る進化史のほぼ全容が確定しているように見える。もちろんそれ以前から生存していた他の Homo 属たちとの混血や、ホモ・サピエンスと同時代に生きていたと考えられる他の Homo 属（たとえばホモ・フローレシエンシス *Homo floresiensis* など）の存在から考慮・検証する必要がある未解決の諸問題が現代人の歴史と文化の多様性を考える際には残されている。とはいえ、現在地球上で見ることのできる文化の多様性は、現代人の移動と拡散、それに随伴した融合や敵対的孤立などの諸事象によって形成されたものであることは明らかである。現代人が一つの生物種として存在しているということは、すべての人間によって共有されなければならない。もちろん、だからといって人間が区別されないということではなく、差異の歴史は厳然と存在している。ただ、差異化ということと優劣感情を伴う差別化は全く次元を異にするものであるし、差異を指標にした人間のランク付けなどが決して許されることでないことは論を俟たない。ここで問題にする現代人の差異とは、生活上の問題として個々の人間集団（あるいは個々人）が自ら選び取ってきた生活手段や資源、もしくは生活の背景を形成してきた生業、社会集団の構造、思想信条、不文律、宗教、道徳律などを指している。さらには自然との対応関係などもその一部となり得る。

多文化共生社会という言葉が一般社会の中でも定着しつつある現在において、人間の交流の範囲はすでにグローバル化し、理由の如何を問わず、人々は移動し、定着し、交流する。もちろん交流には対立的抗争関係も含まれているから、多文化の交流がそのまま友好的であるわけではなく、また多文化共生社会を標榜しただけで人々が幸福になるわけでもない。それでも交流は差異の現実を越境して人と人を結びつけるのである。このような現象がどうして生起するのかという点について、アレックス・メスーディ Alex Mesoudi という文化進化研究者が面白いことを言っている。彼は心理学の博士号を持つ生物学者であり、人類学に関心を寄せる異色の存在であるが、彼の主著『文化進化論』（Mesoudi 2011）で「生物の進化と同じく、文化もダーウィン的に進化する」と述べているのである。これまでも、人類学者たちの多くは「文化は人類集団が環境との相互作用の中で形成してきた」ということは認めているが、文化進化の法則性については「集団内の学習」や「異文化間の相互関与と文化複合」として理解してきた。つまり文化変容と総称された文化の進化に関する現象には、自然科学的な法則性を考慮することが控えられてきたのだと言ってもよいだろう。そういう視点で言うならば、文化は一つの起源的な原初形態から徐々に発展してきたのだが、そこに人間の地理的拡散が関与したために、環境との関係や環境に人間が適応していくプロセスで人間自身の変化を経験したことなどが引き金となって、文化に微妙な差異を形成してきたのだと言えるのだろう。そのような微妙な差異は、時間の経過とともに、また人間集団の分化の速度や拡散の大きさなど、つまり隔離の影響によって、独自の文化事象へと移行してきたのだということを認めるのだ。この見方は、いかなる文化間であっても何らかの事象の連関性を窺わせるものであって、すべての文化事象は兄弟姉妹的な存在だということになる。このように現代人の進化が一様な祖先から始まる拡散様式として記述できるのであれば、文化もまた同様の拡散方程式に則った現象であると言ってよいのだ、とメスーディは主張する。

しかし、議論はこれで解決できたわけではない。現実の世界を見渡してみれば、起源を共有したとは到底考えられないような文化事象がたくさん存在することに気づかされる。上記の一元的な文化変容過程に立脚すれば、現実の系統関係を推定できないような文化の差異性は、すでにそれぞれの関係性を示すような文化の断片が失われた（文化には化石がない）結果であって、いわば人類史のミッシング・リンクのようなものであるとも言えるかもしれない。とはいえ、違いを繋ぐものが特定され得ない場合には、そこには本来的に異なった文化的動機あるいは原因があったという想定も、また成り立ち得るのではないだろうか。そういう意味においてメスーディが論じるようにダーウィン的進化で説明できるかどうかはともかくとして、文化起源の多元性という考え方は大変興味深いものなのである。

文化事象の起源問題と現実の共生問題

文化事象を考察するに際しては、文化測定の「ものさし」が必要となる。実際には「ものさし」は二種類準備されねばならない。一つは文化進化の時間を測る「ものさし」で、もう一つは文化間距離を測定する「ものさし」である。文化一般という概念はあまりに抽象的過ぎて議論の対象としては十分ではない。ここではもっと具体的に、一つの場（エリア、多相な共同体）を想定して、問題を整理してみたい。

先に自然における生物多様性を考察する際に俎上に載せたマカレナは、文化論争の場としても適切なモデルである。マカレナはコロンビアのほぼ中心に位置し、一六世紀から西洋文明化されてきたアンデス高地からは隔絶され、また熱帯雨林のインディヘナ Indígena が生活してきた領域の西北端に位置していたから、比較的近年までその存在、すなわちインディヘナ固有の文化による痕跡が確認されている。今はすでに同地からインディヘナは絶滅してしまったが、おそらく一〇〇年前まで、ひょっとすると五〇年前まではインディヘナ勢力の一つの中心であったのではないかと、私は推測している。その有力な証拠が二つある。一つはマカレナのジャングル内に石器製作現場があり、その切削残渣が今も残されている（一九九一年に発見された）ということである。アマゾン熱帯雨林内には石器製作に適した石を産出する場所は極めて少ない。また、現存するインディヘナ集団で、石器を主な道具として重視している集団を私は知らない。という点から見ても、少なくとも今も石器屑が地面に露出しているような場所は他では見たこともないので、この集団（地元ではティニグア族 Indios Tinigua と呼称されている）は特異な文化能力を有していたのではないかと推測されるのである。もう一つ、私たちの調査地周辺ではカカオやミルペソヤシなど食用果実のなる樹木が高密度に分布している。これは他の低地熱帯雨林で得られた植生調査データと比較しても特異的である（木村 2005）。このことから、ティニグア族の人々は食糧確保のためにそれらの樹木を特別視してきたのではないかということが推察される。これらの事象は、すでにティニグア族が消滅した今となっては、どこまでも推理の域を出ないのではあるが、それだけに何らかの方法で文化が持続し、そして変容し、独自の発展を遂げたかのように見えることの全体を、連続した文化進化として捉えておく必要があるように思えるのである。

あと一つ、考えておかねばならないことがある、それはマカレナに現在生活する人々は、過去七〇年程度の間にそこに定住し、地域を創成した人々であって、いわばティニグア族が消滅するのと入れ替わりに熱帯雨林の主人公になった集団なのだということである。その新住民たちの進出と展開が、アマゾン森林の構造を乱し、ティニグア族もまた自然の変容とともに消滅していかざるを得なかったのだ。

入植者の彼らは熱帯雨林を破壊することで生活の場を確保して、少しずつ奥地を目指し、拠点化すればそこが都市となる。私たちの調査地にとって物資や食料調達などのベースとなる村（マカレナは広域にマカレナ市と呼称されるが現実には中心部の村と周辺流域に点在する半孤立農民からなる共同体である。中心部分には市役所なるものもあるが、住民はプエブロ pueblo と呼ぶ。それは村という意味だ）は一九五〇年代から入植が始まったが、一九七六

図 30. 2010 年当時のマカレナ村。整然と区画された街路はすでに1970 年代にはできていた。

年に私が初めて訪問した時点で、すでに街区の骨格として道路がむき出しの地面のままに碁盤の目状に区画されていた。それからの四〇年で、街区のあちこちに家が建ち、バラックがそれなりに立派な住宅に変化して、見かけはヨーロッパの街のようになった（図30）。

さて、問題はその村と周辺（とはいえ、この村から船外エンジン付きのカヌーで早くても二日以上かかるところまで入植者の農場は点在している）に居住する人々の生活文化である。ジャングル生活の知識はすでにインディヘナの消滅とともに失われ、わずかに伝承された知識とこの地に移り住んで以降に得た自然に関する知識、および入植までに有していた農業知識や社会集団事情などによって、彼らは生活していかねばならない。したがって、そこには自然との共生などという観念は生活実感としては存在せず、自然は目前の資源として消費されるにまかされるのであった（図31）。そのような行動性向は自然資源の減少を促進し、それは彼ら自身が食料の確保に苦労するという悪循環のスタートとならざるを得なかったのである。

さらにコロンビア共和国の地理的中心ではあるものの、アンデスとアマゾンの——つまり山岳地帯とジャングルとの——境界部に位置するマカレナ地域は、首都や大都市部との陸上交通や大河交通網から外れてるために、

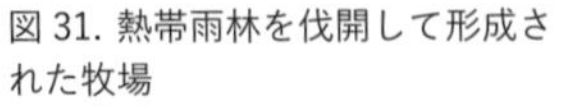
図31. 熱帯雨林を伐開して形成された牧場

大変不便であり、民間人がそこへ到達するためには小さな航空機を利用するしか方法がない。そのような孤立した地域であるということは反政府組織にとっては拠点形成にうってつけの地域であるということでもあり、現実にコロンビア最大の反政府組織「コロンビア革命軍ファルク」ＦＡＲＣの軍事拠点の一つとして機能していた。私たちは研究活動の当初から、コロンビア政府の支援を得ながら、ゲリラ組織の監視下にあって、彼らとの平和的な交流を推進せざるを得ない状況に置かれていたのである。同時に彼らはマカレナの住民の中にも深く浸透し、その声は住民組織の意見としても流布されていた。そういう住民たちの複雑な生活感覚を平和裏に支援するということは、たやすいことではなかった。

そのような状況の中で、私たちはコロンビア政府の自然資源庁INDERENA（現在は環境省国立自然公園局）と協力しつつ、コロンビアの著名な社会学者であったアルフレッド・モラノ Alfred Molano 博士（マカレナ協会 Asociasión de la Macarena）、共同研究者であった生態学者のカルロス・アウトゥーロ・メヒア Calros A. Mejia 教授（ロス・アンデス大学 La universidad de los Andes）などと連携して、地域住民に対する生活文化および熱帯雨林保全意識の啓発活動を実施し（図32）、一応の成果を上げてきた。モラノ博士は社会学者としてマカレナ自然保護地に入植した開拓民に関する調査研究を報告し（Molano et al. 1988 など）、住民のあり方に警鐘を鳴らしている。その仲間として私もマカレナ地域住民やゲリラの良心的部分との連帯を大切にしてきた。とはいえ、マカレナ地域はＦＡＲＣの拠点の一つであったために、持続的な教育・支援活動が困難であり、二〇〇二年にはコロンビアで対ゲリラ強行派ウリベ大統領政権が成立し、ゲリラ組織への攻勢が強まると、私たちの活動は遂行不能となった。私たちは、マカレナ地域住民の生活維持と文化的な生き方の保障のための施策を、在コロンビア日本大使館や国際協力事業団（JICA、現在の国際協力機構）などの支援を得ながら、不十分ながらも実践してきた。さらに私たち調査隊自体の地元化が求められて、調査基地のあるドゥダ川周辺をひとまとまりとする地域組織（自活的な町内会のようなもの、地域名称はタピール Tapil でアメリカバクを意味する）に参加し、地域の集会や小規模ながら共同作業にも加わってきた。ここで一つ断っておかねばならないことがある。私たちはコロンビアの辺境域の経済的・文化的現状の持つ貧困さに目を向けて、それらの改善を目標に日本の政府機関などとの連携も含めて活動してきた。しかしそのすべては地元地域の要望によってスタートするように努力してきた。少なくとも日本的視点による経済的改善を、善意による押しつけとして展開する事だけは避けてきた。それはどのような事情であれ、両者の間には政治的にも経済的にも文化的にも優劣の関係を設けないという自己規制があったからに他ならない。だからこそ、地域社会は私たちを受け入れてくれたのであろう。だが、それもゲリラ活動に伴う戦闘の激化で二〇〇二年にFARCが私たちの調査地を占拠するに至って断ち切られた。

二〇一六年九月にコロンビア政府とFARCの間で休戦協定、引き続

図 32. 前列左からモラノ博士、メヒア教授、木村。1991 年マカレナ村郊外ラウダール Raudar で開催された地域住民との対話集会にて。

き和平合意が成立し、再度、地域文化の創成への試みが始まろうとしている。残念ながら、その後に実施された国民投票では、長期にわたって反政府活動で多くの国民を死に追いやったＦＡＲＣの責任が追及されないことに対する不満から、合意反対がわずかに上回って国民の承認は得ることができなかった。二〇万人以上の死者と多くの行方不明者、また強制的に兵士にされた未成年者、さらには国内難民が六五〇万人にも及ぶと想定されている現状においては、休戦し、武器を捨てたからといってＦＡＲＣが免罪されてよいわけではないだろう。しかし、およそ三〇年にわたって中断を余儀なくされていた地域文化と安定した住民生活のためのプログラムが進行することはコロンビアの国民文化の全体的な復興のために必要であることは当然であり、さらにはＦＡＲＣ以外の反政府組織が多数存在し続けているコロンビアにあっては、国内外に避難せざるを得なかった多くの難民問題は解決の道半ばのままなのである。コロンビア政府だけではなく、国際的な支援が強く要請されている所以である。

南米諸国は、いわば人為的な建国努力によって文化統合を果たしたという点で、他のすべての地域と文化的様相を異にしている。その点に十分な留意を払いつつ、その基底を形成した諸文化を尊重し、多文化主義の一つのモデルを示すべき責任を持っている。また、それぞれの国と市民は、それに応えるだけの文化的力量を有しているのである。文化を成熟させ、血縁による縦の継承と地縁的あるいは同世代的な横の連携を生物進化モデルにおける種の発展様式のように前進させることは、決して不可能なことではない。そこでもっとも留意すべきことは、あらゆる時点とあらゆる場面において、多文化主義を保障し得る前提としての文化の多様性を守り続けることに尽きるのであろう。

地域理解と文化の多様性について

コロンビア・マカレナ地域における入植民の生活問題は、単に貧困あるいは農民問題として捉えるだけでは不十分である。そこには、ラテンアメリカ世界がコロンブス以来ずっと持ち続けてきた人種・民族・征服・差別・略取など、ありとあらゆる人間の暴力と先住民であるインディヘナが歴史的に築き上げてきた固有の文化への冒涜の歴史が充満している。そのような中で、心あるコロンビアの人々は、地域における文化と安定した生活の問題として、地域問題を認識しつつある。コロンビアでは長く内戦、暴力、政治的無秩序が繰り返されてきた。それは一九世紀初頭にシモン・ボリバルがスペイン独立戦争などを経て、大コロンビア（ベネズエラ・エクアドルとコロンビア）を本国スペインから解放した時代以降だからすでに二〇〇年もそのような状況が続いてきたのだ。それでもインディヘナたちが培ってきた固有の文化は、衰退したとはいえ、今も息づき、征服者として入植してきたヨーロッパ人の末裔たちも彼ら本来の文化要素をたくさん地元化してきた。不幸にもアフリカなどから連行されてきた黒人労働者あるいは奴隷たちの中からも、コロンビアを祖国として新しい文化創造に励む人々もたくさん登場する。そのような人々の生き方が、文化の多様性をより大きくし、さらに独自の進化を遂げていくだろう。メスーディが自然科学的生物進化あるいはダーウィン的進化になぞらえて文化進化と呼ぶプロセス通りに、コロンビア文化の多様性が進んでいくのかどうかはわからない。それでも文化進化は確かな手ごたえを彼らに与え始めている。そこに私は個別文化を超越した新たな共生のあり方を見るのだ。

私たちのようにサルの研究がその主目的である現地調査を実行するためにも、まずはその地域に友好的かつ効果的に浸透しなければならない。そのための地元化というプロセスは、単なる調査のための地ならしではない。時間をかけた対話を通して地域の住民たちの理解を得つつ、目的である研究活動を実践しながら、地域に対する支援者であるという立場を少しずつ構築していくことで、ここに一つの文化交流の形が出来上がってくる。その時に初めて、調査する者と調査される自然と土地と住民との間に、対等な関係が構築されるのである。その関係は、私たちの目的であり、最大の関心事であったサルの調査や自然研究の成果以上に、地域住民の生活と地域文化の維持と発展として尊いものとなるだろう。

8 ホエザルの集団構成と社会構造

研究史に立ち返って考える

新世界はコロンブスによって開かれたが、新世界ザルの進化史は長く謎に包まれたままであった。一九七六年から始まった私の新世界ザル調査はコロンビア・マカレナ調査地における長期に及ぶ集中的観察期間（1976-77, 1987-2002）を中心に、ペルー（1987-88）、パナマ（1987, 2010）、ブラジル（1995, 2010）、メキシコ（2010, 2013, 2019）、グァテマラ（2010, 2019）での短期調査を加えて、多くのサル類の生活史を比較検討するところまで拡大することができた。日本でのニホンザルの野外調査と並行して実施された中南米における広鼻猿類の調査研究の当初は、主としてフサオマキザル（当時は *Cebus apella* と命名されていたが、現在の分類では *Sapojus apella* と呼ばれている）の観察を行い（木村 1977,1991；Kimura 1989）、また一九七六～七七年およびー九九八年以降はクモザル *Ateles belzebuth* 調査に集中（Izawa et al 1979；伊沢編 2000）したが、一九八七年以降一二年間の集中的な調査研究とその後の広域調査ではホエザル属 Genus Alouatta に対象を絞って観察を行ってきた。その過程でホエザルに関しては生息地域を異にする四種の直接観察によって、社会構成、社会的行動、発達過程の一部、さらにはそれらを総合して種ごとの社会構造のあり方を検討することを可能にする資料を、ある程度は収集できたと考えている。もちろんフィールドワークにおける調査資料というのは精粗の差が大きく、また調査期間や調査コンディション、さらには調査をサポートする体制などの影響を大きく受けるために、実験的研究のような条件の厳密な統制ということが極めて困難である。したがって観察された事実と事実を繋ぐ論理的推論の部分に大きく依存するという点で、自然科学的考察としては大きな問題点を含んでいる。さらに科学的報告の基本条件である再現性という点においては「私は確かに見た!」ということを担保する手法が著しく欠落しているということが否めない。とりわけ私が主要な調査を実施していた時代は、まだ双眼鏡とノートと鉛筆という旧時代的な観察手段に依存する他はなく、また私の観察の興味は電波機材を駆使したラジオテレメトリー法や生態資料の遺伝子解析などで判明する事柄とは少々趣を異にする分野でもあった。そのような肉眼での観察を科学的に情報化するという手法は、フィールド調査の機器技術依存が著しかったアメリカ合衆国などではとくに否定的であったようだ。かつて一九八七年にパナマのバロ・コロラド島 Barro Colorado Island（BCI：スミソニアン熱帯研究所STRIが管理・運営しているパナマ運河内のガトゥン湖に取り残された島状地形の調査地）で、私がSTRIの客員研究員 visiting scientist として滞在し、マントホエザルの調査を行っていた際に、ホエザル研究のパイオニアでもあるキャサリン・ミルトン K. Milton から「ホエザルのように個体識別ができないサルで社会行動を観察するのは無理で、信用できない」「社会的交渉の少ないサルでそのような社会行動を観察するのは学問的に意味がない」と直接非難されたことがある。彼女はそれ以前に同地でホエザルの個体数、個体密度、食とエネルギー問題などを研究し、博士号を得ていた（Milton 1977）が、唯一、社会という問題には関心を示していなかった。私と鉢合わせした際も、目的とするサルを麻酔銃で捕獲し、四肢にカラー・タグをつけて識別していた。そのような操作がホエザルの集団に与える影響の方が、研究上はよほど問題であると私は考えるが、彼女はそのようなことは微塵も意に介していなかった。たしかにホエザルは顔の表情が乏しく、日常の動作も緩慢であることから、個体を識別することが比較的困難ではある。とはいえ、少なくともニホンザルなどで個体識別に熟達している研究者であれば、十分容易なのだが、わからないという研究者にそれを伝授することは不可能であり、ここは物別れにならざるを得なかった。今日であれば動画撮影なども活用できるので、理解を共有することも当時ほどには困難ではないだろう。しかし、この認識の差異という問題は、現実には、動物の社会性、ひいては私がいう共同性の問題を考察するに際しては非常に重要な点であり、ホエザル属の種分化を検討する際にも慎重に考慮すべき論点でなければならない。種の違いというものを形態や遺伝的背景だけで評価する最近の傾向は科学的装いをしてはいるものの、進化の本質的議論を深化させるという点において物足りないのである。そういう意味において、二一世紀の今日であってもダーウィン的思考法を安易に放棄してはならないのだ。

チャールズ・ダーウィンは主著『種の起源』の中で「生物がもとの種から限りなく遠ざかっていく」という現象を新種の形成すなわち種の分化と捉えた。そのようなことが起こるプロセスとして、彼は生存競争という概念とその具体的な方法としての自然選択を考えたのである。そしてよく知られるようにそのような方法によって生物の存在の様態、とりわけ形態と行動が変化する根本的な要因として種を構成する生物個体の持つ変異性 variation ということに注目したのであった。ダーウィンはこのような現象が生起することを家畜種や栽培植物種の人為的な品種改良という行為との関連において理解していた。ということは、人為的行為としては、そのような選別行為を行う主体を明確にすることが必要であったのであるが、自然界においてはそのようなものの存在を認めることができなかった。「神の手がそれをなされたのである」ということがもっとも簡単に彼の主張を人々に認めさせる必要かつ十分な条件であるようにも見えるが、それは当時の思想から見て妥当なことではない。なぜなら誤謬のない神の手によって個別に創造された種が改良しなければならないような不完全な存在ではあり得なかったからである。現存する生物種が完成されたものであるのか否かということについては、キリスト教的な自然観においては議論の余地がない。それは聖書の冒頭（創世記第一章）にはっきりと明記されている。ではどうしてダーウィンは自然界において種が変化する存在であるという確信を持ったのであろうか。定説によれば、彼の青年期の経験すなわちビーグル号による足かけ六年にわたる航海の大部分を占めた南米大陸およびガラパゴス諸島での自然との出合いが、ダーウィンのその後を決定したといわれる。ダーウィンが考えた生物進化の観念（ここではあえて観念と言っておきたい）はその後二〇世紀の生物学の精緻化の中で遺伝学、分子生物学の手法と技術の画期的な発展によって、具体的には遺伝情報としてのＤＮＡの塩基配列が種分化を想定した複数種間の遺伝的距離として、すなわち分岐年代を推定する重要な指数として、遺伝学領域を越えて多くの分野の研究者に認証されてきたのである。霊長類研究もその例に漏れず、生態学的観点からの社会構造の類似性に基礎づけられた素朴で不完全な系統論と化石というゆるぎなき証拠がありながら年代を確定することの困難さから自由になれなかった古生物学・

古人類学などの議論とはやや独立に、DNA研究の成果は分子遺伝学的な分岐分類学、系統学を構築してきた。だが、そのような研究史が、霊長類の世界的な分布の中でも最難関の問いを要求する新世界ザル New World Monkey（広鼻猿類 Platyrrhini）の起源と移動と定着、さらには種分化の過程を明らかにする方法論を提供してきたかというと、今のところまだまだ状況証拠にも乏しい仮説が氾濫しているというのが現状ではないだろうか。

霊長類 Order Primates という分類群の中で、新世界ザルは極めて特異な進化的位置にある。かつて、霊長類の祖先は地球上の陸地の大半がパンゲア大陸として一枚のプレートであった時代に、現在の北米大陸の相当する部分で起源したと考えられていたが、この考え方の大半は現在では否定的に見られている。また二〇一三年には現在の中国湖北省から最古で原始的な化石が発見されたという報告がなされている。その化石の年代はおよそ五五〇〇万年と推定され、そこを起点として種分化と分布の拡大が進んだと考える新たな試論では、その後、ユーラシア大陸、アフリカへと分布が拡大するとともに種分化も進行していったものと推測されている。さらに二〇二一年にはアメリカ・モンタナ州で収集されていた資料の中から化石が発見され、プルガトリウス・マッキーベリ *Purgatrius mckeeveri* と命名された。その推定年代は六五九〇万年前とされ、恐竜と共存した可能性も考えられる霊長類最古の化石であるという。化石から知ることができる霊長類の歴史は彼らの分布の歴史を解き明かすことに繋がっていくだろうか。

霊長類の系統史の中ではおよそ四〇〇〇万年以前の南米大陸に霊長類が生息し、その後、南米大陸、のちには中米へも、急速に分布を拡大すると同時に、現生の広鼻猿類の多くの分類群を網羅するような種の拡散が進行したと考えられている。実際に知られている新世界における霊長類化石の最古のものは今から二五〇〇万年前のものでボリビアから発見されている。新世界ザルの起源問題は、旧世界由来の霊長類の一部がどのように大西洋を越えて南米大陸に定着しえたのかという難問を絶えず突き付けてきた。それは単に新世界ザルの起源に関する問題を提起するにとどまらず、現生の新世界ザルの社会生態学的特徴や社会構造論全体にも影響するものであり、出自が不明であるということで片付けることができない性質のものであったのである。

この問題は古生物学的研究では解決できず、分子遺伝学による系統進化研究の発展にゆだねられたが、そこで提出された多くの仮説もまた信頼性の低いものが多く、新世界ザルの分岐年代は不明のままであった。スプリンガー M.S.Springer らはそれらの多くのデータの中から信頼性の高い条件を満たしているものを選択し、さらに年代測定の結果がはっきりした化石と併せることで、分岐年代を現在から二六〇〇万年から五一〇〇万年前までであると推測した（Springer et al. 2012）。デケイロス Alan de Queiroz はそれらを基に統計学的に信頼しうる最上の分岐年代として四一〇〇万年前という数値を提唱している（de Queiroz 2014）。

このような研究成果を基に新世界ザルの進化を考えると、古生物学者の瀬戸口烈司博士らが南米コロンビアで発見した中新世のスタートニア *Startonia*（現生ホエザルの祖先と考えられる）の進化史的存在意義は極めて大きいと言わねばならない（瀬戸口他 1981; 瀬戸口 1983）。私たちが一九七五年から現生霊長類の生態学的調査を継続してきたマカレナ調査地とほぼ同緯度で、調査地の西側に横たわる東アンデスの反対側の乾燥地域に瀬戸口らの調査地・発掘ポイントがあり、そこで現生のホエザルと形態学的に極めてよく似た化石霊長類が出土したという事実は、ホエザル属 Genus Aluatta のサルたちがおよそ二〇〇〇万年にわたって、その形態を大きく変化させずに生活を維持してきたことを物語っている。アマゾン熱帯森林の生態学的構造が安定的に推移してきたという事実と関連づけて考えるならば、ホエザル属のそれぞれの種が持つ生態学的特徴や社会構造のありようは、長期にわたって大きく変化することなく推移してきたことを想像させる。したがって、彼らの社会構造を比較検討することは、ホエザル属が南米から中米へと分布を拡大しつつ、種分化を遂げてきた歴史を跡づけることに繋がると思われるのである。

マカレナのアカホエザル社会を検討する前に

二一世紀に入って広鼻猿類（新世界ザル）の分類全体が大きく変更されるのに伴って、また分類の考え方がよりスプリッター的（種の変異を細分化して捉える姿勢が強い）になることで、ホエザル属の分類も複雑になってきた。現在もっとも一般的に利用されている分類の体系では、ホエザル属は表1のように従来から大きく変更された。

私のマカレナ調査地におけるアカホエザル観察は一九七六から七七年の予備的観察に始まり、一九八七年から二〇〇二年の長期継続観察で一通りの研究成果を上げたつもりである。その対象は研究当初から現在まで *Alouatta seniculus* として命名されている種である。その観察と並行して、一九八七年にはパナマのバロ・コロラド島のマントホエザル *Alouatta palliata*（現在の狭義のマントホエザル）を、一九九五年にはブラジル・パンタナルでクロホエザル *Alouatta caraya* を、さらに二〇一〇年にはメキシコとグァテマラにおいてユカタ

表 1. クモザル科 Atelidae：ホエザル、クモザル、ウーリーモンキー

ホエザル亜科 Alouattinae

ホエザル属 Alouatta

マントホエザル・グループ

Alouatta coibensis コイバホエザル en:Coiba Island Howler

***Alouatta palliata* マントホエザル en:Mantled Howler**

***Alouatta pigra* ユカタンクロホエザル en:Yucatan Black Howler**

アカホエザル・グループ

***Alouatta belzebul* アカテホエザル en:Red-handed Howler**

Alouatta guariba カッショクホエザル en:Brown Howler

*Alouatta macconnellien:*Guyanan Red Howler

Alouatta nigerrimaen:Amazon Black Howler

Alouatta saraen:Bolivian Red Howler

***Alouatta seniculus* アカホエザル en:Venezuelan Red Howler**

グロホエザル・グループ

***Alouatta caraya* クロホエザル en:Black Howler**

クモザル亜科 Atelinae

クモザル属 Ateles

Ateles paniscus クロクモザル en:Red-faced Spider Monkey

Ateles belzebuth ケナガクモザル en:Long-haired Spider Monkey

Ateles chameken:Black-faced Spider Monkey

Ateles hybridusen:Brown Spider Monkey

Ateles marginatusen:White-cheeked Spider Monkey

Ateles fusciceps ブラウンクモザル en:Black-headed Spider Monkey

Ateles geoffroyi ジェフロイクモザル en:Geoffroy's Spider Monkey

ウーリークモザル属 Brachyteles

Brachyteles arachnoides ウーリークモザル（ムリキ）en:Southern Muriqui

Brachyteles hypoxanthusen:Northern Muriqui

ウーリーモンキー属 Lagothrix

Lagothrix lagotricha フンボルトウーリーモンキー en:Brown Woolly Monkey

Lagothrix canaen:Gray Woolly Monkey

Lagothrix lugensen:Colombian Woolly Monkey

Lagothrix poeppigiien:Silvery Woolly Monkey

ヘンディーウーリーモンキー属 Oreonax

Oreonax flavicauda ヘンディーウーリーモンキー en:Yellow-tailed Woolly Monkey

太字で示した 5 種が従来から私が認識してきたホエザル属である。この分類表（学名、和名、英名）は Groves が 2001 年から推敲を重ねてきたもの（Groves, 2001 など）であるが、最終的には 2005 年の論文で最終的に取り纏められた。私にはやや小さな差異に拘泥する過剰な分類であるようにも思えるし、生態学的にはそこまで区分することの意義は乏しいように見えるが、昨今の遺伝子決定論的思考が浸透している生物学の世界としては、この分類に従う他はない。元表は Groves, Colin. 2005. Mammal Species of the World, 3rd edition, in Wilson, D. E., and Reeder, D. M.（eds）, Johns Hopkins University Press, 148-152. ISBN 0-801-88221-4. によるものである。なお、最近の分類例ではホエザル属だけでも 12 種に細分化しているもの（IUCN Redlist, 2017）もあるが、生態学的な種の概念からは大きく外れているような気がするので、ここでは採用しない。和名については、IUCN に依拠した日本モンキーセンター版リストでは、*A. pigra* の和名としてユカタンクロホエザルを採用しているので、本書でもこれを使用する。

ンクロホエザル *Alouatta pigra* の直接観察を行い、それぞれの社会構成の違いとそこから想定される社会構造に比較進化学的な考察をすることが可能となった。直接的資料の少なさが本研究におけるホエザル属の進化の謎解きの大きな障害ではあるが、現状で想定される進化の過程を推測しておきたい。

ここで表1に示したホエザル属の分類について触れておこう。霊長類全体の分類についても同様のことが言えるのだが、私が関心を持って調査にあたってきたこの数十年間で彼らの分類についての考え方は大きく変化してきている。その結果としてホエザル属の種の数も従来の五種から大幅に増加してきた。そもそも分類という行為は、生物を似ているものとそうでないものとを分けることによって、自然界を秩序づける仕組みとして発展してきたのであるけれども、同時に似ていると思われる関係を祖先の共通性（同じ祖先の子孫たちということ）に連関させて考えてきたという側面もある。それらが明らかになるということは現代的な意味から見ると進化の道筋が見えてくるということでもあるだろう。だから生物学としてはとても大切な事柄であるのだが、そこには大きく言って二つの流派が存在するのだ。一つは似ている者同士はあまり小さな差異を強調することなしに大きなグループとして評価するという立場であり、もう一つは、二つの種に属していると思われる各々の個体の違いをどこまでも厳密に区別して別の種類だと認定するやり方である。したがって前者は近縁な関係にある種のグループを比較的少ない単位で分類する。他方、後者は、わずかな違いにも大きな意味、とくに進化的な理由づけを施すことによって、たくさんの単位で種を分類することとなる。さらにそれぞれの研究者も、自分が対象としている種を特別視して自ら新しい命名をすることで「私は新種を発見した」と称し、いわば業績の水増しをしかねないのである。だからといって種の数を絞り込む前者のような研究態度が正しいというわけではないが、私は生態学的な立場から、空間的に連続した地域を大掴みにしてそこに生活する形態的にも大きな違いのない者たちを、交流する可能性を持つ一つの種の構成メンバーとして認識したいのである。このような視点からいえば、私が調査を始めた四十数年前にひとまず確定していた旧来の種と属が、その後、中南米に拡大したホエザル属のサルたちの調査においても感覚的妥当性を持つのである。そのような前提でホエザル属の観察事例を見てみよう。

クロホエザルグループ

この種に関しては、私自身は、乾期のブラジル・パンタナルでの限られた観察事例しか持ち合わせていないので、多くの事実を把握しきれてはいない。他の多くの報告などと合わせて、私の感触を述べるにとどめなければならない。パンタナルは一年の大半の時期に水位の上昇によって森林が分断され、また浸水林として陸上生物の生息や、移動には不適当な環境である。さらに近年では通年陸地であるところが広範に牧場化されており、野生動物にとって好適な生息環境はますます狭められている。私は一九九五年八月に北部パンタナル、マット・グロッソ州の中心都市クイアバから南南西へ二〇〇キロ

表 2. パンタナルで観察されたクロホエザルの群れの構成

観察事例	個体数	オトナオス	オトナメス	未成熟個体	あかんぼう
1	3	1	2		
2	8	1	3	2	2
3	4	0	2	1	1
4	5	1	3	1	
5	3	1	1	1	

観察事例 3 ではオトナオスが観察されていないことから、全数のカウントに失敗している可能性が高い

メートル のクイアバ川（パラグァイ川の支流）で、クロホエザルの探索を行った（図33）。生息を確認することはできたものの、残念ながら、追跡調査をすることができず、断片的な個体数調査にとどまってしまった。直接観察で集団の個体数が得られたのは五回（表2）であるが、そのすべてで群れの全個体が捕捉されたという確信は得られておらず、同じ群れであるかどうかも不明である。ただしホエザル属一般の行動域（遊動域、およそ三〇ヘクタール程度）から見て、それぞれが別の群れであったという可能性が高い。得られた個体数は三頭から八頭に分散しており平均値は四・六頭であった。五回の観察の中でオトナオスと見られる体色が黒色の大型個体が確認されたのは四回であり、この感触から見当をつければ、ほぼ全個体を捉えていたのではないかと思われる。クロホエザルは時として一〇頭以上の比較的大きな集団で見出されているが、大半の群れのサイズが私の観察事例の範囲内に入る単雄小集団であると言ってよいだろう。さらにこの観察で、母親の一緒にいるあかんぼうは四頭の群れで一個体、八頭の群れで二個体の二事例しか確認されていない。出産期を特定すべきであるという指摘もあるだろうが、これだけのデータから見ても、出産率には一定の限界がありそうで、かつ生後一年、あるいは二年未満の生残率は決して高くないと

図 33. 乾期のブラジル・パンタナルにおけるクロホエザル。最下部にいる黒い個体がこの単雄群のオトナオスである（撮影：H.Palo,Jr.）。

いうことが理解されるだろう。

ユカタンクロホエザルグループ

ユカタンクロホエザル（あるいはグァテマラクロホエザル、メキシコクロホエザルとも呼ばれることがある）と呼称されるこの種は、一般にクロホエザルと呼ばれている *Alouatta caraya* と違って、オスもメスも全身が黒いという特徴を持っている（図34）。この種については近年に入ってから、とくにメキシコの研究機関などの調査が進みつつあるが、基本的には比較的小さな単雄群であるということしかわかっていないと言ってもよい。ユカタン半島南部からコスタリカに分布するこの種に関して、ユカタン南部地域で調査を行ったメキシコの研究者ビクトール A-R victor らは、小さく分断されつつあるユカタンの森林地帯で、森林のひとまとまりの大きさ（パッチサイズ）とそこに生息するホエザルの個体数にある種の相関関係があることを見出した。小さなパッチにおいては総個体数が小さくなるものの面積に対して相対的な生息密度は高くなるという関係は、この種が小さな森であっても生息可能性を残存させているということとともに、集中的な森林資源の利用に適しているという特性を示してもいるということなのである

図 34．飼育されているユカタンクロホエザル（メキシコ・ユカタン州メリダにて）

(Victor et al. 2013など)。ホエザル属が持つ高い適応性と広範な分布を可能にしている生態学的な特徴が良く表れていると言ってよく、そのことは他の種の分布や生息密度を考えるうえでも重要な示唆を提供してくれていると思われる。私は二〇一〇年にユカタン半島を広範に調査して回ったが、同種が生息するところでは非常に高密度に、分布域を離れると全くいなくなるという極端な分布パターンに驚いたが、その謎を解く鍵は、おそらく小さな群れ構造とそれらが高密度に、しかし遊動域を重複させることなく連続的に共存している状況にあるのだろうと思う。そしてそのような構造を持つこのサルたちの性質が、後述するパナマの運河湖にあるバロ・コロラド島BCIのマントホエザルの個体数の大きな群れやマカレナ調査地の単雄群として比較的大きな群れを維持しつつ、高密度な群れの集中を可能にしている生態学的メカニズムの本質的な部分に関係しているのだと想像させるのである。ユカタンクロホエザルに関しては、二〇一九年に再度グァテマラのティカルで直接観察の機会を得ることができたので9章でさらにその結果を後述する。

マントホエザル

私は一九八七年四月から一〇月の約六か月間、バロ・コロラド島BCIに生息するマントホエザルの社会行動と集団構造に関する調査を行った(図35、36、表3)。この種の、とくにBCIに生息する地域個体群には他のホエザル属とは異なる集団構造上の特徴が認められるということを過去の論文では指摘しておいたが、今回はとくにアカホエザルとの比較検討をするにあたって、その主要な部分を再掲しつつ、議論を展開したい。

かつてキャサリン・ミルトンらが一九七七年に実施した群れの分布と群れごとの個体数センサス調査によれば、全島に生息するマントホエザルは六五群およそ一二五〇頭から一三五〇頭であると推定されている。この資料では一群あたりの平均個体数は二三・〇頭である。彼女らの記述では同種は全島にほぼ均一に分布しており、地域的偏在は大きくないらしい。一方、同報告によれば、BCIの植生は決して均一ではなく、三タイプの成熟した森 old forest と二タイプの再生しつつある森 young forest に分類されるらしい（Milton 1982）。このようなミルトンらの調査結果から見えてきたことは、島内の植生の違い、すなわち森林の階層的な構造と植物生産量の相違が、当該地域の個体群の遊動域の大きさや群れ自体の個体数に関係しているであろうということであった。にもかかわらず、ミルトンらは植生のタイプごとに群れの個体数には大きな変異はないと結論づけているのである。私はそのあたりの生態学的な資料を得たいと考えたのだが、限られた期間の中でこの全貌を明らかにすることには大きな制約が伴うので、私の調査では一つの小さな区画の中で複数の群れを見ることによって、個体間の関係を通して、群れの構造を解き明かすと同時に、植生・地形等の地域特性が個体数の維持や群れの社会的構成にどのように関与しているのかという点に焦点を絞った調査を実施することとなったのである。ここでは本章の主旨であるアカホエザルの長期観察と関係づけられる調査結果だけを取り上げて考察しておきたい。そこで問題となるのはマントホエザルが大きな群れを形成するというBCIにおける一般的傾向をどのように理解することができるかという点であろう。パナマ運河が構築された際に孤立した陸地（島）となったというその地形がわずか五〇年程度の時間で群れサイズを大きくしたという仮説は到底受け入れがたい。それではその構造の中を実際に観察するしかないのであるけれど、

図 35. パナマのバロ・コロラド島（BCI）で調査したマントホエザルの集団（木村 1994）

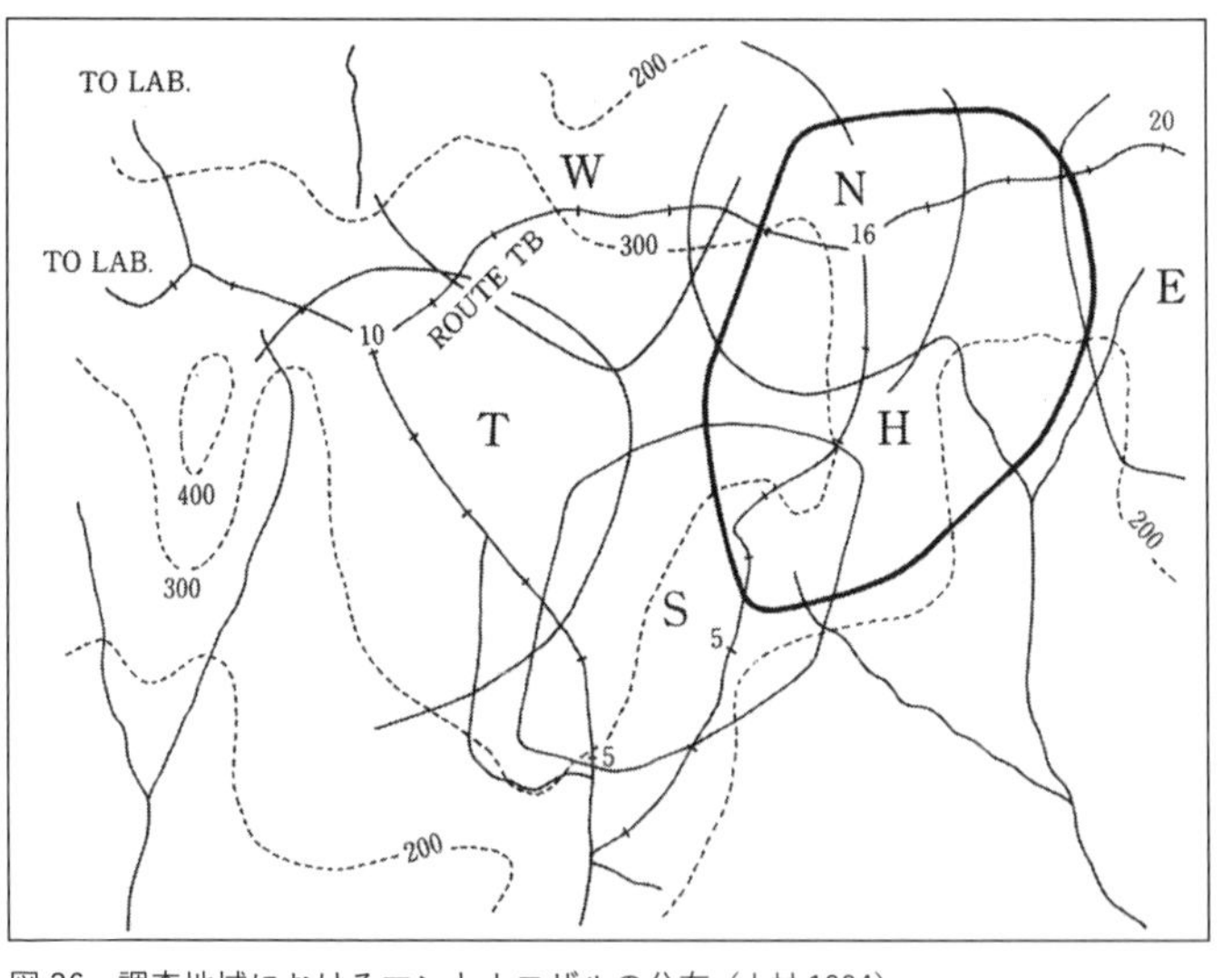

図 36. 調査地域におけるマントホエザルの分布（木村 1994）

表 3. 調査地域に生息するマントホエザルの群れサイズと構成（木村 1994）

<table>
<tr><th rowspan="2">GROUP</th><th colspan="2">ADULT</th><th colspan="2">JUVENILE</th><th colspan="2">INFANT</th><th rowspan="2">TOTAL</th></tr>
<tr><th>MALE</th><th>FEMALE</th><th>MALE</th><th>FEMALE</th><th>MALE</th><th>FEMALE</th></tr>
<tr><td>H</td><td>4</td><td>6</td><td>1</td><td>2</td><td>1</td><td>2</td><td>16</td></tr>
<tr><td>E</td><td>3</td><td>5</td><td colspan="2">2</td><td colspan="2">1</td><td>11</td></tr>
<tr><td>S</td><td>4</td><td>7</td><td colspan="2">4</td><td colspan="2">3</td><td>18</td></tr>
<tr><td>MEAN</td><td>3.7</td><td>6.0</td><td colspan="2">3.0</td><td colspan="2">2.3</td><td>15.0</td></tr>
<tr><td>MG*</td><td colspan="2">1</td><td colspan="2">1</td><td colspan="2"></td><td>2</td></tr>
</table>

* いわゆるハナレザル solitary male（調査期間 Aug.-Sept.,1987）

当時はまだ誰もそのようなことには関心を払っていなかったというのがＢＣＩの現実であった。

一九八七年の調査で主たる対象群としたのは、Ｈ群であった。この一六頭から成る群れは過去のＢＣＩにおけるセンサス調査の平均から見れば少々小さな集団ではあったが、調査地周辺で私自身が調査した限り、平均サイズが二三・〇頭というような条件を満たすような群れは存在していなかったと言ってよい。過去の調査が推計過剰 over estimation であったというには根拠が薄弱ではあるものの、センサスそのものの信頼性を疑わざるを得ないというのが、私の感覚であった。またこの構成から特筆すべきことは、マントホエザルの比較的大きな集団には複数のオトナオスが参加しており、これまでに記述してきたホエザル属の他の種のような単雄群的構造とは相当に趣を異にする社会を持つように見えるということであろう。

さて、そのような調査条件の中でＨ群の各個体間の社会的な接触や位置関係などを包括的に考慮して描かれたのが図37

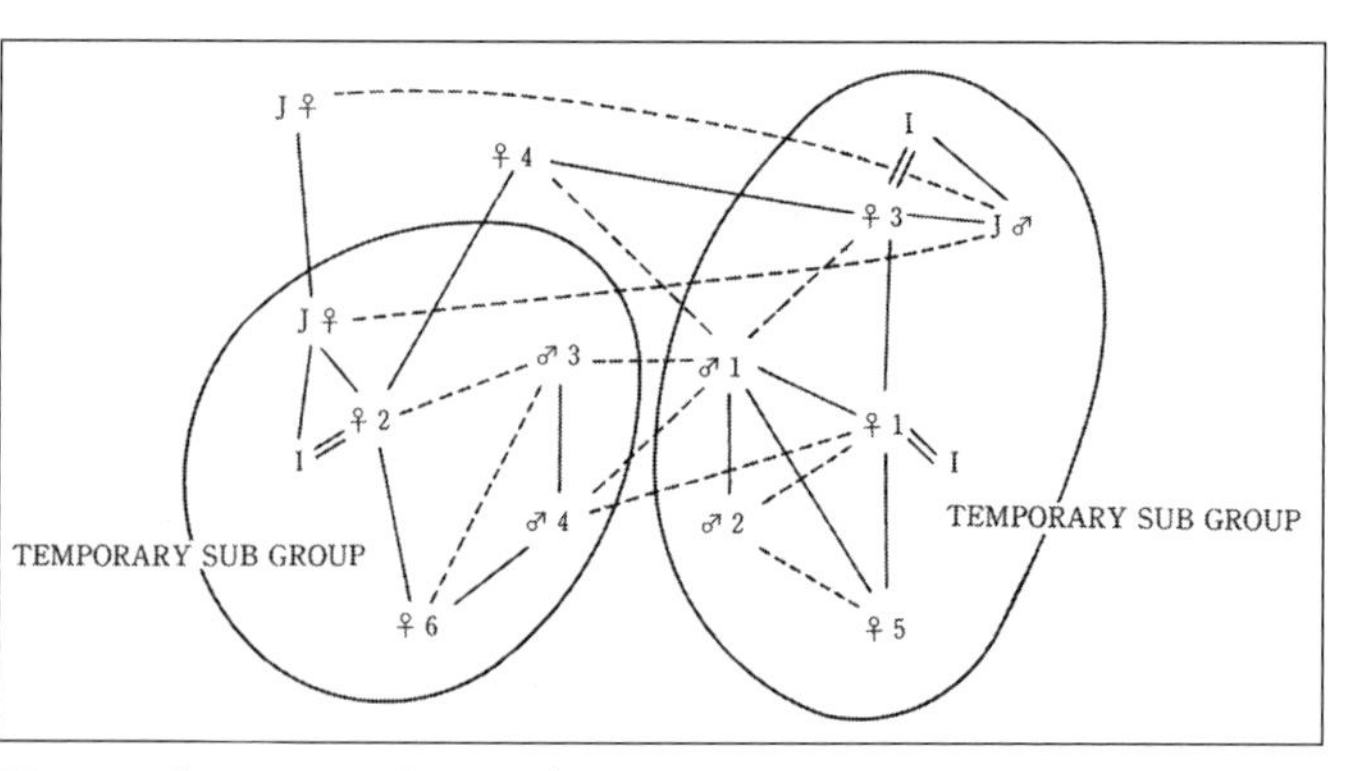

図37．Ｈ群におけるサブグループの形成と個体間関係（木村 1994）
※ ♂オトナオス、♀オトナメス、J 未成熟個体（子ども）、I あかんぼう

の模式図である。この図が物語るのは、H群は複数のサブグループが一つに纏まった構成から成り立っているということだろう。ホエザルだけにとどまらず、オマキザル科の中・大型サル類の中で安定したサブグループが認められた事例を私は他に知らない。したがって、BCIのマントホエザルは極めて特異な社会構成を獲得したと言わねばならない。

ホエザル各種の中でBCIのマントホエザルは突出して大きな群れを形成する傾向があるといわれてきたが、実際に私が観察したいくつかの群れの個体数は、私たちがコロンビア・マカレナ調査地で長期観察してきたアカホエザルよりは少々大きいものの、基本的には同様であったと言ってよいだろう。しかし、一点だけ違いがあったのは、それぞれの群れに複数のオトナオスが含まれていたということである。これは社会構造を考えるうえで大きな問題点となり得る。この問題を合理的に理解するために、私はサブグループの存在を仮設し、観察の結果からもそれを支持する資料を得た。このような事態がBCIのマントホエザルに生じた原因として、私は同調査地のホエザルの生息密度の高さを指摘しておきたい。ホエザルは多くの調査地でたくさんの群れが互いに遊動域を密接させながらも可能な限り重複域を避けるという傾向を見せてきた。それ自体が地域個体群の個体数調節機能を持つというには、まだ証拠となる観察が少ないけれど、BCIのように一九一〇年代にいきなり孤立した島となった空間では、ホエザルたちに緩やかな群間関係を形成させる時間的余裕がなかったのではないのかということが想定される。そのように解釈すれば、BCIのマントホエザル（他の地域のマントホエザルをきちんと調べなければならないが、これまでのところほとんど資料がない）だけが他の種とは異なった社会構成を持つということの意味が理解され、基本的にはホエザル属はいずれも同様の比較的小さな単雄群を基本としてそれが連続的に分布するような社会構造を持つのだということになる。その内部構造の詳細を長期観察によって確認したのが次節のマカレナ調査地におけるアカホエザルの事例なのである。

アカホエザルの社会構成——長期観察対象群（MN-2群）を中心に——

マカレナ熱帯雨林における私の観察調査は足かけ二七年に及んだが、その中でも一九八七年から二〇〇二年までの期間は主としてアカホエザルの集中的観察を実施して、ホエザル属の生態特性を明らかにしたいと考えてきた。調査地はオリノコ川源流域グァジャベロ川のさらに最上流部左岸から分岐するドゥダ川の右岸にあって、グァジャベロ川の右岸はすでにアマゾン川流域へと連なる森林であることから、私たちはこの地をアマゾンとオリノコの二つの特性を備えた特異な生物相を有する地帯であると理解してきた（JCCSP-CIPM 1992；Univ.Nacional de Colombia 1989）。同地では一〇月下旬から二月中旬にかけて雨がほとんど降らない時期を持ち、私はそれを根拠にして同地の森林を熱帯季節林 tropical seasonal forest と定義してきた（木村 1993；Kimura et al 1994）。熱帯季節林では植物の年周性 phenology が顕著であるために、植物生産の中でも、新葉の生長や果実の季節偏在など、植食性の動物にとっては季節変化に対応した採食戦略が要求される。樹木の葉と果実に食物の大半を依存するホエザル属のサルたちにとっては、このような環境は季節ごとに異なった食物採取を余儀なくされるという反面、いつでも何らかの果実が入手可能であるというバラエティー上の利点がある。そのような特徴を持ったマカレナで、アカホエザルの集中的な研究は断続的に実施された。その成果報告は日本コロンビア生態学共同研究プロジェクト Proyecto Colombo-Japones de Ecologicas が年報として発行してきた〝FIELD STUDIES OF NEW WORLD MONKEYS LA MACARENA COLOMBIA〟（研究対象が動植物全般の生態に拡大したために Vol.10 より〝FIELD STUDIES OF FAUNA AND FLORA LA MACARENA COLOMBIA〟と名称変更、Vol.13 1999 で終刊）などでなされてきた。これらの調査では伊沢がアカホエザルの一群（MN-1）を、木村が MN-2 と名付けられた一群（図38）を、さらに一時期ではあるが、コロンビアの共同研究大学であったロス・アンデス大学 Universidad de los Andes（UniAndes）のカルロス・メヒア教授が主宰する生態学研究室の学生たちが MN-4 群の個体識別を基礎とした経時観察を行い、報告を重ねた。その情報を基にマカレナにおけるアカホエザルの動態の詳細が逐次明らかになっていったのである。

さて私が観察の対象とした MN-2 群は調査地の中央部に位置し、ドゥダ川河岸の崖を利用して土を採食し、ドゥダ川からおよそ六〇〇メートル南西奥までを固有の遊動域 home range としていた（図39）。その周囲には MN-1、MN-3、MN-4 などの群れが存在し、その境界では頻繁に遭遇する（あるいはわざわざ出会いに向かう）群れ同士の巨大な音声による鳴

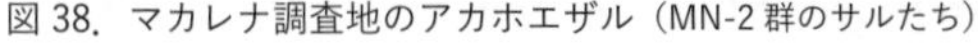
図 38．マカレナ調査地のアカホエザル（MN-2 群のサルたち）

き交わしが森を揺るがしていた。これを群れ間のボーカルバトル vocal battle などということもあるが、どのような目的を持ったバトルであるのかは判然としない。

ＭＮ-２群の個体数は集中調査期の一六年間にわたって極めて安定的であり、一一頭から一四頭の範囲で推移してきた。他方、ＭＮ-１群の個体数は不安定に変化し、遊動域内に新たな小グループの形成が観察されており（Izawa 1997 など）、のちに群れ自体がいくつかの小グループに分裂、もしくは消失したものと推測された（Izawa 1999）ことなどと比較すると、ＭＮ-２群が長期にわたって安定的な個体数を維持してきたことの方が特異なことであると言えるかもしれない。

個体群の動態とその変動要因

集中的な調査期間の前半の一九八七年から一九九五年の足かけ九年間で、ＭＮ-２群の出産と個体数の変動が詳

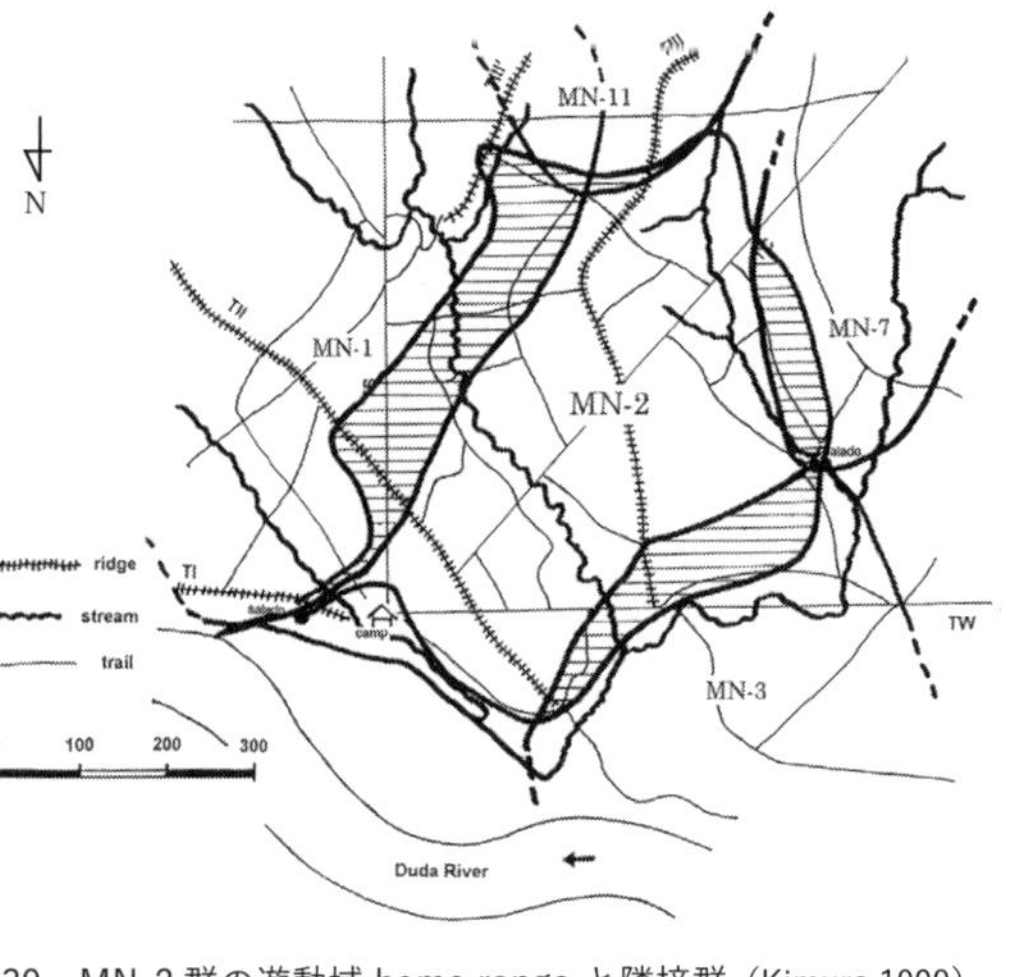

図 39．MN-2 群の遊動域 home range と隣接群（Kimura 1999）

細に記録されたので、その資料を基にアカホエザルの個体数変動の実体を考察してみたい。九年間の調査期間中に一九例の出産が観察された。その中で一七例についてあかんぼうの性が確認されており、オス・メス比は六対一一で、オスが生まれる割合は〇・三五三であった。つまりメスのほうがオスよりほぼ二倍多く生まれたということになる。このような出産傾向が、観察事例数が少ないことによるものなのかどうかはよくわからないが、少なくともMN-2群では長期にわたってこの状態が続いているということは記憶する必要があるだろう。

一方、あかんぼうの消失という現象が個体数変動に大きな影響を与えていることも明らかである。九年間の観察の中であかんぼうが生まれなかったのは二年のみであって、それ以外にはほぼ複数の個体が生まれていることになる。それでも群れ全体の個体数に大きな変化が生じない主たる原因はあかんぼうから子ども期における消失率の高さによるものであると推測される。このデータでは一九事例中、出産とその後の動態があやふやな三例を除き、一六事例について検討することとなる。その結果、一歳未満での消失率は五七・一パーセント、二歳未満での消失率はじつに七一・四パーセントとなっている。オトナメスはほとんど変化することなく生存が確認され、また、MN-2ではオトナオスの消失（死亡を含むが、死亡そのものが確認されたことはまだ一例もない）がこの九年間で二例しか知られてはいない。そのうち一事例はハナレザルのオスの群れへの接近に伴うアルファ・メール α-male（群れ内で最優位のオス）の交代によるものであり、出入りを含めると個体数の変化は相殺されている。また、比較的若いオスが複数消失したことがわかっているが、そもそも群れへの加入時期も不明確なものが多く、群れで生まれ育ったオスが成熟期前に群れを離れたという確証のあるものは三例を数えるのみである。このような資料から読み取れることは、オトナオスの交代が少ない単雄群では、子どもの出産と死亡がほぼ拮抗して、わずかに生き残った未成熟オスが群れを離れ、成長した未成熟メスと高齢で死亡等の理由によって群れから消失する個体とが適当にバランスすることによって、群れの個体数の安定性が図られているということになる。

社会的調節機能としての子殺し

私が観察していたMN-2群では、一九九一年に子殺しが発生した。同年一月中旬に、観察中の群れにハナレザルのオトナオスが接近してきた。オス同士は激しい音声のやり取りで互いを威嚇し、排除しようとしているのであるが、他のメスや子どもたちには社会的な激変が近づいているという緊張感がまるでないように見える。外から入ってきたオスに追われると、確かにメスは逃げるけれども、すぐにその場にとどまってしまうことも少なくない。ハナレザルのオトナオスの群れへの接近はおよそ半月に及び、群れはしばしば緊張状態に陥り、音声の威嚇に加えて、追いかけ合いや身体接触を伴う争いも生じるようになってきた。そのような際に、あかんぼうがオスに噛みつかれたり、母親から引き離されて転落したりするという事故が発生したのである。これがいわゆる子殺しの実体なのだが、私の観察では二頭のあかんぼうがその際に消失した。あかんぼうを失ったメスは、いずれも群れに接近し、その後アルファ・メールに取って代わったオスと交尾したのが確認されている。単雄群であるホエザル属では、すべての種でこのような行動が認められていると考えられる。

ＢＣＩの観察では、私はマントホエザルの子殺しを確認してはいない。しかし、彼らの社会構成が二つのサブ・ユニットからなることを示して、大きな個体数の群れの正体が単雄群社会の連結によることを明らかにした。そこから考えると、それぞれのサブ・ユニットの中でのオトナオス間の優劣や社会的成熟の差などが誘因となって子殺しが生起することは何ら不思議なことではないであろう。子殺しという一見不合理で誰にとっても意味がないように見える行動にも、オスにとっての繁殖戦略とメスにとっての自己の性選択における有利な行為とが（結果として）一致した社会的所作であるということが理解されるだろう。

伊沢らが観察していたMN-1群では、オトナオスの出入りが激しく生じ、また群れ内の最優位のオスと、より若いオスの間の抗争的関係から、集団内での争いが頻発し、その結果として、あかんぼうの死亡する事例が多数報告されている。このような事例とMN-2群の個体数変動の経過を合わせて考えると、ホエザルの群れ社会におけるオスの安定性の重要さが良く理解されるのである。ホエザルの群れの個体数にある一定の上限が認められるということも、このような社会的要因を背景に考えることによってその意味するところが明らかとなる。

個体数変動の多様性、限定要因と社会構造

先に私は、MN-2群の個体数が長期にわたって一一頭から一四頭の間を推移しているということを述べた（表4）が、その最大の理由はオトナメスがほとんど変わらない（消失事例が二件しかなく、若いメスが一頭オトナになった以外に変動がない）という点で説明がつく。ただし、経年で彼らの年齢は上昇していくから、将来的にはすべてが死亡するのだが、その際に次世代がどのようになっていくのかは私の観察からは判然としなかった。そういう意味では私が観察していた群れもまた、アカホエザルとしての典型事例ではないのかもしれないのだ。また、メスの子どもたちも大半は成長過程で消失（おそらく大半は死亡か）するので、メスの世代交代もなかなかに困難であるだろう。さらにMN-2群ではオス間の抗争が少なく、オスの移出入もオトナオスについては二例、未成熟個体が数例あるにとどまるのである。このような事例だけを見ていると、ホエザルの集団はあたかも争いを好まず、互いに無関心であるかのようにも見えるかもしれない。このように一見安定的な群れであっても、一つの世代で収束してしまうというのも可能性としては捨てきれない。さらには群れを離れた若い世代が新たな群れを構成するという可能性をも探る必要があるだろう。一方、MN-1群のようにオス間の抗争的関係が絶えることなく、またそれに伴ってメスの消失や子殺しと思われる行動が頻発する。この集団は、最終的には一九九七年頃には群れそのものが外形的には崩壊し、そこに残存していた小グループもまた、消失してしまったようである。このよう

表4．MN-2群の性・年齢構成の推移（Kimura 1997）

Age-sex class		88/3	89/3	90/3	91/1	91/3	92/3	93/3	94/3	95/3	96/3
♂	adult	2	2	1	2	1	1	2	2	2	1
	sub-adult	1	1	1	1	1	1	1	1	1	
	juvenile	2	3	3	2	2	2	2	2	2	
	infant	1	1				1	1	1		1
♀	adult	4	4	4	4	4	4	4	4	3	4
	sub-adult									1	1
	juvenile	1	1	2	2	2	1	1	2	1	2
	infant		2	1			2	2	1	1	2
sex-unknown infant					2						
total		11	14	12	13	12	12	13	13	11	12

なマカレナ調査地の事例からは、オトナオスの不安定性が引き金となって、群れ全体が安定を欠き、長期にわたって混乱が持続するということがありそうだ。それに引き換え、オトナオスがいったん安定的な位置を占めると、群れの構成そのものは安定化し、長期にわたって、出産・死亡等の自然要因が優位になって強固で安定的な群れ構成が出来上がるのであろう。ただし、そのような安定性を保障するような群れの個体数は限定的であって、MN-2群が最大一四頭までの集団で維持されているのは興味深い現象である。

MN-1、MN-2の東側から南にかけての領域にはMN-4と命名された群れが存在していた。この群れは一九九五年頃には一八頭という大きな集団になっていたが、その後分裂した模様で、二つの小集団が観察され、その後様子がわからなくなってしまったという（UniAndesの学生たちの私信による）。他方、MN-1群は最大九頭を超えることがなく、最終的には消滅してしまったわけであるから、アカホエザルが群れとして安定的に長期間にわたって維持されるためには一〇頭から一四頭程度の個体数が持続される必要があるということがわかる。そのような個体数の力は隣接する他の群れとの関係においては必要であり、かつ、群れ内の個体間関係を社会的にうまく調整するには大きな集団では困難が付きまとうことになる、というのが、アカホエザルの社会を成立させている個体にかかる行動力学上の制限要因なのである。したがってホエザルは大きな群れを作ることが困難であると言えよう。

ホエザル属の社会構造の基本的形態とバリエーション

ここまでで、ホエザル属が全体として大きな群れを維持できない理由が垣間見えてきたように思える。ホエザル属のそれぞれの種は、いずれも比較的小さな集団を単位として生活している。その背景には彼らの社会的行動の単調さ、非活発さが潜んでいるともに、そのような彼らが常に近接した状態で日々を過ごしているという社会的な状況が関係している。隣接した集団との間で交わされる咆哮の際には、群れ内の多くの個体が互いを注目し合いつつ、他集団と対峙しているという情景が目撃される。そのような結束の固さは、日常的に樹上で互いにあまり毛づくろい grooming すらせずに休息している状態のサルとは別種のようにも映る。さらに、子殺しの説明の際に詳述したように、群れにハナレザルのオトナオスが接近してきても、オス同士は激しい音声のやり取りで互いを威嚇し、排除しようとしているのであるが、他のメスや子どもたちには社会的な変化は乏しい。新たなオスの近接によって、あかんぼうを失ったメスは発情し、あかんぼうを死に追いやったオスとも交尾する。先に私はオスの繁殖戦略と書いたが、それはあたかも結果から見ればそのように見えているということの説明でしかない。遺伝子上の進化という視点でこれを捉えると、明確に戦略なのであるけれども、個体レベルでの社会的なやり取りの認識を欠いた原因と結果という因果関係をそのままオスの戦略と呼ぶことに、私は大いに抵抗がある。とはいえ、オスの社会的行動が群れの中では何より重要なのだ。

ホエザル属のそれぞれの種にはもちろん固有の生態学的特徴があり、それが種の地域的拡大と何らかの関係を持つことは明らかである。しかし、それらの特徴をもって種分化しなければならなかったというほどの決定的な社会構造上の差異というものを特定することは困難であった。研究の当初は、ＢＣＩのマントホエザルの大きな集団が、種分化上の大きな意味を持つものであるかも知れないと考えて、重点的に調査を行ったわけであるけれど、どうやらそれは見当違いであったようで、比較的小さな単雄群こそがホエザルの社会構造の決定的な特徴であるらしい。そのような特徴をすべてのホエザル属の種が維持しつつメキシコ南部からアルゼンチン北部までに分布を拡大していった進化史的道程は、社会構造の比較からだけでは詳らかにすることが叶わなかった。これまでに蓄積した植生、群間関係、他種との関係などの資料を社会構造論と突き合わせながら、次なる展開を期待したいと考えるものである。

9 霊長類の社会構造における多様性

思いついたことなど

ヒトを含む分類群である霊長類は、他の生物分類群と比較しても特有の機構的変化を歴史的に経過することにより、多様な形態的変化とともに、社会性の多様化の道を歩んできた。そのプロセスを考えると、外的環境と自己（霊長類のそれぞれの種）の主体的で有機的な相互関係を想定することが、最も霊長類の進化をわかりやすくする。しかしこのような考え方は、ともすれば獲得形質の遺伝として検証なしに否定されてきた概念とも相通ずるところがあって、種が欲する生活上の形質は種の個体が繰り返して獲得することによって種全体のものとなるという、まさにラマルク Lamarck 的観念として葬られてしまうであろうし、おそらく現代科学には受け入れる余地すらない。しかし、近年の分子遺伝学が教えるところに従えば、生物細胞には外的環境にさらされることによって、容易に変化する、あるいは初期化される可能性が潜在し、現代の生物科学はその点において先端的な進化観を誘導しつつある。ところが、多くの基礎生物学者たちは、しばしばそのような科学的発展の技術的あるいは応用的側面や医療における有用性にとらわれるばかりで、生命論の改革・再構築としての役割からは目をそらせがちである。しかし私たちは、主としてニホンザルの集団の研究から明らかになりつつある「社会性」と「個体性」の関係や、そこから推測できる「社会性」と「共同性」の意味論的関係性についての議論を進めてきた。だから、ここでの議論では、その理論的な側面からの補足として、生物科学を物理学と化学の要素に単純に還元するだけでなく、その生物体を構築している全体としての展開論理や、それを成し遂げてきた進化の長大な時間と種の主体的変化を「種の概念」で再考察することとし、その具体的な事例研究としてもう一度ホエザル属 Genus Alouatta を取り扱うことにする。とくに、二〇一九年六月にグァテマラの世界自然文化遺産であるティカル国立公園 Parque Nacional Tikal で短期観察したユカタンクロホエザル *Alouatta pigra* の知見も加えて議論してみようと思う。

変異を見ることと変化を知ること

すでに議論してきたことから再出発しよう。チャールズ・ダーウィンが「生物がもとの種から限りなく遠ざかっていく」という現象を種の分化すなわち新種の形成と捉えたことは先に述べた。そのプロセスに欠かせない重要な要素として、多くの生物に見られる多産、個体の変異を挙げたうえで、生存競争と自然選択という進化の方途を考えた。そこにはダーウィンの卓越した観察力とそれを実行させるだけの背景としての自然から学ぶ姿勢があった。ダーウィンは自然を「見る」ことによって、自然のあり方についての新しい概念を構築したと言ってよいだろう。

ところで、「見る」という行為にはさまざまな理解が付きまとっている。「われわれは物それ自体を見ており、世界はわれわれの見ている当のものである」という前提なしに一般化された「見る」という行為あるいは信念に対して、「もしそれを命題や言表に明確に表現しようとすれば、つまりわれわれとは何であり、見るとは何であり、物とか世界とは何であるかを自問してみるならば、われわれはさまざまな難問や、矛盾の迷宮に入り込むことになるのだ」という理由を付して反論したのはメルロ・ポンティ Merleau-Ponty（1964）であった。それはすなわち、「世界はわれわれが見ているものではあるが、しかし同時に、われわれは世界の見方を学ばなければならないのだ」ということなのではあるけれど、私たちはその内容を、あたかも哲学という特定分野の特殊な概念として理解したふりをして無視してきたのではないだろうか。にもかかわらず、科学的思考の世界にあっては、より精緻な観察あるいはそのための方法の開発を通して、自然それ自体をものとして明確に表現できるという観念が科学方法論の基底に横たわり、ほとんどの科学者がそのこと自体には何ら疑問を抱かずに、ものの詳細をさらに微細に覗き込むことによって、科学的事実としてものの理解が進むと考えてきたのであった。それを還元主義と言う。とくに自然科学にあっては、観察という行為を精緻化することによって、世界をより忠実に記述できるという前提が、理論化を推し進めてきたのである。これは生理主義的な還元主義だと言うことができるが、このような説明をもってわかったような気になること自体もまた、あたかも還元主義そのものが科学の方法として不適当であると私が考えているかのように聞こえるかもしれない。だが、問題は還元主義の良し悪しを論議することではなく、どうすれば「事実を見る」という行為を通して「自然を理解する」ことができるだろうか、ということではないのか。霊長類の野外調査を通して自然とヒトのあり方を考察してきた私にとっては、この問題は根源的であると同時に、研究手法・

学術論文の構成法にとどまらず、研究者としての自然への向き合い方の問題でもあったのだ。

再び、社会性と共同性

私は先にニホンザルの観察（ニホンザルを見ること）から「個体性」の個体発生に関する基本的な考え方を提示した。まさに「見ること」から何が学べるのかということを実践することを示そうとしたのであった。それは過去五〇年近くにわたって私自身が考え続けてきたことの要点を纏めたものでもあったが、そこからは、ニホンザルの「個体性」が社会の中で個体が置かれた状況を反映していることと同時に、それは何も多くの個体に取り囲まれて仕込まなければならないというものではないことなどを主張したものであった。

その考え方を敷衍すれば、人間社会における「共同性」においても個体の他者認知を前提とすることは明白である。それでは霊長類全体を考えた場合にはどうだろうか。先の論考では霊長類の「社会性」に関して以下のように記述しておいた。

霊長類全般を考えてみても、単独生活者である原猿類などをも含めて、おそらくすべてのサル類には他者認知の能力がある。この場合には、それは自己認知能力でもあるだろう。自己を確立するということを、私たちは何やらとてつもなく高度な行為のように考えがちだが、それは動物に備わった本質であり、しかし、霊長類にはとくに他者との社会的な関係において、そのことが重要視されるのである。それは霊長類の集団の作られ方に関係することなのだろう。サルの社会を研究する研究者の大半は、社会というものを個体の相互的な関係の全体として捉えている。それは誤ってはいないのだが、本当にここで問題となるのは相互的とは何かということなのかも知れない。

相互的な関係は、そこに関係する個体間のやり取りによって見ることができる。しかし果たして関係はどのように見え、またどのように記述可能なのであろうか。ここで関係の可視性という難問に突き当たる。

「見ることの実践」としての霊長類調査

私は一九七五年度の第三次日本モンキーセンター南米調査隊の後継隊として一九七六年度に組織された調査活動の一員となって初めてコロンビアを訪問して以来、二二度の広鼻猿類現地調査に関わってきたわけだが、その主たるフィールドはコロンビア中部メタ県の西部に位置するマカレナ山塊の西側地域、現在はティニグア国立自然公園 Parque Nacional Natural Tinigua（図40）として保護されているドゥダ川の右岸に位置する熱帯森林である。ドゥダ川はグァジャベロ川の一支流で、その下流はグァビアレ川水系となり、オリノコ川の最上流部を占有する河川域である。ただしマカレナ地域を下降するグァジャベロ川はその右岸以遠はすでにアマゾン川の北部森林地帯と連続しており、マカレナ地域西部の生物相にはアマゾン的要素が大きく混在しており、とりわけ霊長

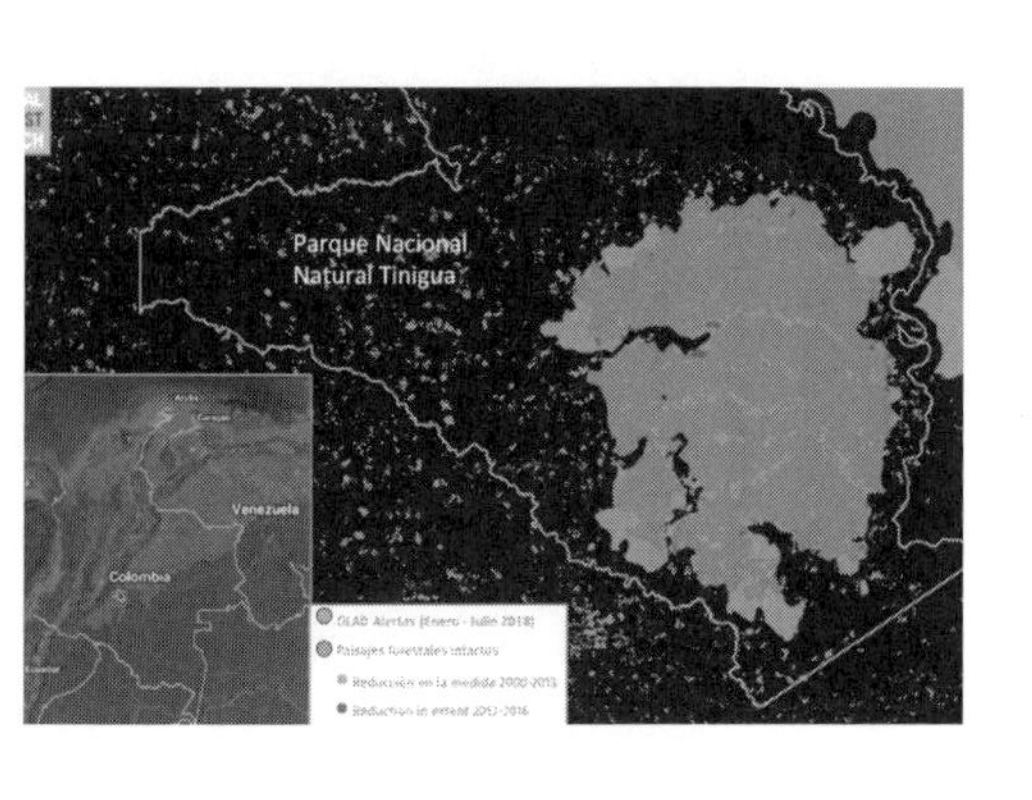

図40．マカレナ調査地が設けられたティニグア国立自然公園

類の分布は連続的に展開していると言ってよいだろう。そのような理由で、私たちはマカレナ調査地を、「アマゾンを代表する地域の一つ」として取り上げてきた（図41、42）。

そのマカレナ調査地で、私自身は主としてフサオマキザル、ケナガクモザル、アカホエザルの三種を対象として個体識別法に基づいた直接観察で彼らの社会生態を見続けてきた。とくにアカホエザルに関しては隣接する二群を他の研究者たちが調査し、またそれ以外にも私の観察対象であったMN-2群の西側に遊動域を持つ一群についても私自身が随時観察してきたので、群間関係や地域個体群全体の動態、オス個体の群れ間の移動などの情報も確実に集積されてきた。そういう背景をもってマカレナのアカホエザルの社会生態は見つめられてきた。さらに、私自身は、一九八七

図41．初期のマカレナ調査地での生活（1976–77）（撮影：伊沢紘生）

図42．マカレナ調査地とドゥダ川

年にパナマのバロ・コロラド島ＢＣＩにおいてスミソニアン熱帯研究所客員研究員として六か月間滞在して、マントホエザルの集中的な生態調査にも従事してきたので、生息分布の連続する同属二種の生態を比較するために資料を得ることができたのである。そういう事情を踏まえて、私はさらにブラジルのパンタナルでクロホエザルの短期調査を行い、加えて二〇一〇年と二〇一九年にはメキシコおよびグァテマラにおいて、ユカタンクロホエザルの観察を実施した。そのような事情はすでに先に記した通りである。

二〇一九年度のグァテマラ・ティカル国立公園における観察調査は、過去に私自身がホエザル研究に関わってきた背景の上に企図されたもので、ユカタンクロホエザルの少なくとも一グループ全体を見通せるような観察がしたいという動機によって実施された。

ユカタンクロホエザルの分類学的位置と生態学を中心とした先行研究

ユカタンクロホエザルの生態学的調査は多くの研究者によって行われてきたが、いずれも短報的成果であり、いくつかの調査地において、群れの個体数と構成、個体密度などが報告されているが、種社会の全容を明らかにするところまでは至っていない。二〇一九年の調査にあたって私自身の考え方を整理するために、京都大学霊長類研究所図書室の便宜をもって、その文献の大半を閲覧する機会を得たので、最近のものから過去に遡って例示しておく（Calixto-Perez et al. 2018；Tricone 2018；Serio-Silva, et al. 2015；Vitazkova and Wade 2012；Vidal-Garcia and Serio-Silva 2011；木村、2011；Van Belle et al. 2010；Baumgarten and Williamson 2007；Pozo-Montuy and Serio-Silva 2007；Pavelka and Housto.ı 2004；Estrada et al. 2004, 2002a, 2002b；

Knopff, et al. 2004 ; Ostro 2001,1999 ; Horwich 1986, 1983 ; Horwich and Gebhand 1983 など)。

そもそも中南米に生息する霊長類（広鼻猿類、新世界ザルと総称される）は、少なくとも四〇〇〇万年以前にアフリカから渡ってきたと推測されているが、その詳細は不明のまま今日に至っている。私の主たる観察対象であるアカホエザルの直系の祖先については、瀬戸口らがマカレナ調査地と東アンデスを隔てた西側の乾燥地帯で関連すると思われる化石種スタートニア *Startonia* を発見し、おそらく一〇〇〇万年以前からその形態学的特徴には大きな変化がないと推測している。そのような古生物学的事実から見ると、ホエザル属 Genus Alouatta に属する複数種のサル類は、一つの祖先型から適応放散という過程を経て現在の異所的分布を示すようになったと考えられる。メキシコ南部からアルゼンチン北部に至る広範な熱帯森林を生息の場として、最近の研究によれば三グループ一〇種に分類されているホエザル属はそれぞれの種を重複させることなく、種ごとの分布域が確定している。しかし、このような分布の様態になるにあたって、どれくらいの時間が必要であったのかということについては、何も詳らかにはなっていない。また、地理上の分布を隔てている物理的な、あるいは生態学的なバリア（隔離要因）も不明であるのだが、それら一〇種は連続的に種分化を繰り返してきた異所的種として理解すればよいのであろうか。さらに付け加えれば、広鼻猿類の多く、とりわけオマキザル科のサルたちでは、ホエザル属と同様に、クモザル亜科 Atelinae のクモザル属 Ateles もウーリーモンキー属 Lagothrix も、オマキザル亜科 Cebinae のオマキザル属 Cebus やフサオマキザル属 Sapajus も、上記の新世界ザル分布域内において、それぞれに連続的に種分化を重ねて連続的な異所的種として存在しているのである。ここで大切なことはそれぞれが展開している異所的種分布の間には同じ質（同一）のバリアを認めることができないということに加えて、それぞれの亜科、属が同様の理由による分化を起こしてきたということについての説明が見当たらないということである。生物はしばしば同様に、でたらめな種分化を繰り返しているのであろうか。

そのような種分化について、これまで学史上は「進化は繰り返さない」といわれたり、著名な古生物学者であり進化学者であるグールド S.J.Gould の発言にあるように「進化パターンの一回性」(Gould 1989) という概念で考えられてきたのである。私もそのような考え方の延長線上で、霊長類の種分化においても、環境との複雑な関係性の中で、それぞれの時期にそれぞれの事情によって特殊な種分化が繰り広げられてきた結果として現生種（あるいは過去に絶滅した多くの種も含めて）の多様性が実現しているのだと理解してきた。

ところが進化の一回性ということについては、すでに一九七〇年初頭にはスタン・ランド博士 Stan A. Rand らが、カリブ海の離島に生息するアノールトカゲ類 Anolis spp. の種分化に関する実証的調査研究から、条件によっては同様の種分化が容易に繰り返されるという事実を報告しており、すでに理論化されている (Rand 1964,1967；Rand and Williams 1970 ほか)。ロソス Losos は、そういう意味において進化（種分化）は、それが偶然の歴史的な過程であるとしても、同様なことが繰り返される可能性もあるというのだ。この点は、進化という視点から現生種の分布を考える際には極めて重要なのではないかと、私は考えるのである。

ランドは、私がスミソニアン熱帯研究所の客員研究員だった一九八七年当時にシニアの研究者として研究所の中心的指導者のひとりであり、私の調査報告を熱心に聞いてくれたほとんど唯一の生態・行動学者であった。私が予想するホエザル属の種分化のプロセスについての仮説と私自身の生態観察という調査手法との間に横たわる、一見脈絡のない関係性についても、理解を示そうとしてくれた数少ない支援者であった。しかしその時には、彼が学生の頃から種分化の直接的資料を観察・研究していたなどということも知らず、夜になると懐中電灯と録音機をぶら下げて毒ヘビなどが隠れ棲む湿地帯をうろつき、カエル類のコミュニケーションの研究をしている風変わりな初老の愛らしい先生だと思っていた。しかし、彼の私の調査に対する厳しく的確な指摘は、ホエザル属の種分化を知りたいがゆえに生態観察をしているという一点において私を承認してくれていることを言外に含んでおり、ホエザルの社会行動の研究自体に否定的であったミルトンらの対応によって研究所の中で孤立していた私にとっては温かな励ましとなっていた。彼が私の研究態度に関心を寄せてくれたのは、おそらく彼自身がトカゲ類の種分化（彼が見たのはカリブ海のそれぞれの島に複数のアノールトカゲの同属種が同様の構造を持って存在しているということであったが）を、孤立した複数の島で、自らの目で「見た」ことで理論化できたという彼の学問態度によっている。そしてそのような知見から、それが単なる平行進化などではなくて「進化の繰り返し」なのだということを、彼の師であるウィリアム教授A. Williams が理論化して示したのである。最近になってこの事実を知ったことで、私はようやくグールドの呪縛から解放された。進化は気まぐれだけれど、条件さえ整えば、同じ道を何度も繰り返すことだってあり得るのだ。さて、問題は広大で果てのないように見える熱帯雨林の中に、そのような条件を満たす何があるのかということである。ランドたちの見た岩だらけの「孤立」した島嶼群とはわけが違う難問であるかもしれない。

広鼻猿類の分布の特徴は、各々の属に含まれる種が、それぞれ固有の分布様式を示し、いくつかの属の種が定型的な一つの分布群を形成してはいないという点にある。この問題については私もマカレナの七種のサル類の分布問題としてすでに考察したことがある（木村 2005）。マカレナに生息している七種のサルたちは、それぞれが同属内で固有の異所的分布をしていることに直接的に影響されてマカレナに分布している。それぞれが個々の理由によってマカレナにいるのであって、異なった属にある者同士の種間関係が影響しているのではない。もっとも夜行性のヨザルと昼行性でペア型社会を持つダスキーティティの二種は、生活帯が昼夜に分かれ、かつ近縁種でもないにもかかわらず、どうやら同所的には生息できないようである。その理由は詳らかではないのだが、前者がある程度定まった棲み処としての巣穴を持つことや後者が比較的小さな遊動域しか持たず、生活場所の競合が両者にとっては採食や安定した空間距離の保持にとって不都合なのではないかと推測される。このような例外的な事象を除けば、多数の同属種を持つような広鼻猿類の分布については、概ね属内の種分化と分布域の分離が、属内の問題としてのみ生起しているように見える。したがってマカレナの七種のサルたちは、それぞれの属の事情においてその場に生息しているのであって、他の属とは別個に種分化を遂げてきた者たちの末裔なのである。ここでも『進化（種分化）は、それが偶然の歴史的な過程であるとしても、同様なことが繰り返され」ているのだと言えるだろう。

グァテマラ・ティカルの研究上の重要性

さて8章で、私はアカホエザルの生態特徴と、同属他種の社会構造・社会構成とを比較した。そこでは、アカホエザルを含むホエザル属のすべての種で、群れの個体数には生息地域を越えての種ごとの共通性があることが示唆された。たとえばアカホエザルでは群れの個体数が一〇頭から一四頭で群れとしての社会的安定が確保されており、それよりも個体数が少ない場合には群れが不安定になってオス個体の移出・移入が多くなると同時にあかんぼうに対する子殺しが増加する。極端な場合には群れ内の個体数に大きな減少が認められたり、遊動域の中に他の群れや小さな一時的小集団 temporary group が出現したりすることもある。マカレナで伊沢が観察していたMN-1群は、その後に消失したと考えられている。そのように小さな個体数の群れは不安定であるが、他方、大きな群れの場合には、群れ自体の分裂が生じることもある。マカレナ調査地ではMN-4群がそれに相当する。群れの個体数が極端に大きいと考えられていたパナマのバロ・コロラド島BCIのマントホエザルの場合も、私の調査から、複数の群れが集合したものとして理解することで、ほぼ解決が得られている。

そうなると、従来からもっと小さな集団ではないかと思われてきたユカタンクロホエザルの場合にはどうなのか、ということを知る必要が出てくる。そういう目的を持って私も二〇一〇年にメキシコ・ユカタン地方とグァテマラ北部の森林地帯を探したのであるが、十分な成果を上げることができずにいた。短期の日程で確実に野生のホエザルに出合うということは相当に困難なことであるが、情報によれば、グァテマラのティカル国立公園近傍では頻繁にホエザルに遭遇できるという可能性があった。ティカル Tikal は一〇世紀以前のマヤ文明の中心的遺跡であり、遺跡を含む広大な地域の森林が、世界遺産として指定され、その周辺地域の自然を含めて遺跡の発掘現場を除けば手つかずのままに国立公園として保全されているということであった。さらに遺跡を見学に訪れる見学者がホエザルやクモザル、あるいはノドジロオマキザルに出合うこともまれではないという情報も得られた。そのような事実を確かめるために、二〇一九年には調査地をティカルに絞って短期調査を実施したのである。

二〇一九年度短期調査の概要と結果

今回の調査で最も意味のある成果は二〇一九年六月二一日夜から二四日未明までの連続観察であった。二一日にティカルの調査地に到着し、キャビンを確保して翌日からの調査戦術を検討していた私は、夜中の二三時五五分に初めてティカルに生息するホエザルの長距離伝達可能な音声 long distance call あるいは吠え声（ハウリング）howling を耳にして調査をスタートさせた。この声は翌二二日〇時二五分まで聞こえていたが、その際にはその声の発信場所が私の位置から見て北東、北、西北西の三か所あり、少なくとも調査キャビンの周囲に三群のホエザルがいたことになる。さらに三時五五分から四時一〇分にかけてキャビンの南西から、また四時五八分から五時三分まで再び南西から吠え声を聞いて、現場を押さえるためにまだ夜の明けない森に入って行った。五時五〇分に吠え声の発信場所と思しき森に到着し、明るくなり始めた樹上にホエザルの姿を確認した。この時の構成は、オトナオス一頭（図43）、オトナメス二頭、片方のメスの背にあかんぼう一頭（その時点では性別不明）で、合計四頭であった。メスがしきりに一点の先に向かって吠え、時々オスがウホッ・ウホッと威嚇的な音声を出していた。この小集団の周りには他のサルの動きは認められず、この時にはこれが小さな群れであるのか、もっと大きな群れの一部なのかを判断することはできなかった。

この群れの全貌が掴めたのは、さらに四時間後のことで、九時四二分からおよそ一五分間の観察と写真撮影をすることができた。最初に群れに遭遇してから四時間にわたって群れは全く動かずに未明の、あるいは昨夜のハウリング以降、ずっと同じ位置にいたものと推測された。このように森林の上部でひとまとまりになって終夜動かないのはホエザルの生活上の特徴であって、不思議なことではない。夜が明けてしばらくのちにその場で軽く採食して移動することが多いが、この時はその場での採食なしに群れは急に移動を始め、そのおかげで私は群れの全個体を確認することが可能となった。群れの最初に動きを始めたのはオトナメスであった。その次にオトナオス、続いて若いメス、あかんぼう（メス）を背中に背負ったオトナメス、さらにもう一頭のオトナメスとそれに続いて単独で移動するあかんぼう（オス）、最後に若いオス（性成熟に達しているかどうかは不明）という順序であった。

この群れ（Tikal-1 群と命名）は総計八頭で、オトナオスが一頭、オトナメスが三頭、若いオスが一頭、若いメスが一頭、あかんぼうが二頭（オスとメス）という構成であることが確認された。また、二頭のあかんぼうのうちの一頭（オス）は母親を離れてひとりで移動することができたが、樹幹を越える際には母親が先の枝を掴んでその背

図 43. Tikal-1 群のオトナオス

中を通してやるというわゆるブリッジ行動が観察された。なお、この集団の移動前後には同じルートもしくは近傍を動いたホエザルは一頭もいなかった。移動の様子を不鮮明ながら写真に収めることができたので事例として図44に提示する。群れの個体数が八頭というのはユカタンクロホエザルとしては標準のサイズなのではないかと思われる。エストラーダ A.Estrada たちはユカタン南部のチアパス Chiapas のホエザルの個体数を調査したセンサス・データを提示しているが、彼らが調査した一八群の平均群れサイズは五・九四頭である。ついでながら彼らの観察した群れではオトナオスの平均数が一・三九頭となっており、オトナメスの頭数も一・八三頭であったという。ただし、性・年齢別頭数の群れの偏差が大きく、種としての平均値を正しく出すことはできなかったようだ。今回の Tikal-1 群の事例は、エストラーダ

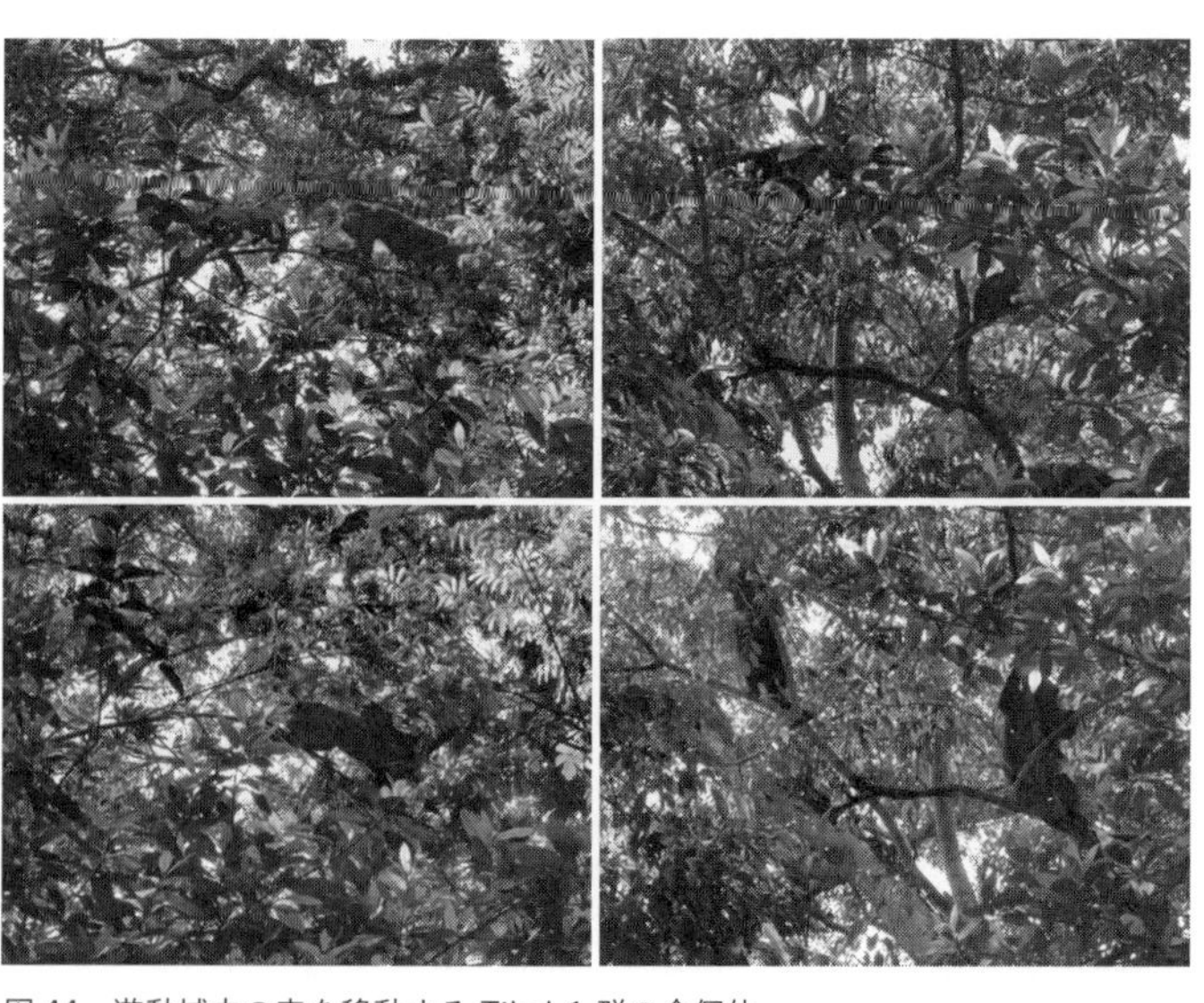

図 44. 遊動域内の森を移動する Tikal-1 群の全個体

らの調査結果と比較すると、ユカタンクロホエザルの群れとしては比較的大きな群れであると考えるべきであろうか。また、中央アメリカを広く調査したホルビッチ R.H.Horwich によれば、群れの平均サイズは六・七頭、オトナオスは一・八頭、オトナメスは二・五頭という結果であった。さらに、ポソ・モントゥイ Pozo-Montuy らによるメキシコのバランカン Balancan での調査では一群が確実に捉えられており、オトナオス三頭、オトナメス二頭、未成熟オス一頭、未成熟メス一頭、あかんぼう二頭（オス一頭、メス一頭）であったという。残念ながらこの調査では周辺の群れの分布が十分知られていないため、このクロホエザルにしてはオトナオスの頭数が多いことの理由づけができない。パベルカ Mary S.M.Pavelka らはグァテマラの東側に位置するベリーズ Belize での調査から群れの平均個体数が六・六頭であると推定しているが、群れ間の差は大きく二頭から一〇頭と分散しているので、平均値に大きな意味を見出すことができない。

さて私の群れ Tikal-1 群はその後もしばしば大声で鳴き交わしていたので、およそ三日間にわたってその位置は常に捕捉されていた。この群れと鳴き交わしをした群れはおそらく三群で、Tikal-1 群を中心に一平方キロ内に合計四群、二五頭から三〇頭程度のホエザルが生息していたのであると考えられる。生息密度に関しては正確な調査事例がまだないのだが、彼らがハウリングを発した位置の多さなどから見て、この推計値は決して過大ではないように思われる。ちなみにコロンビア・マカレナ調査地でのアカホエザルの生息密度は、まだ私の試算の段階ではあるものの、やはり一平方キロ当たり二〇頭から三〇頭程度になると推計されている。

ところでティカル国立公園のホエザルは夜間に頻繁に吠え声を発するという点で特異的である。アカホエザルやマントホエザルもまれに夜間の咆哮を耳にすることがあるが、頻度はうんと少ない。夜間に頻繁に、しかも長時間にわたって鳴き交わすというのがユカタンクロホエザル全般の傾向なのか、それともティカルで特異的に起こっていることなのかは、他との比較をする以外にはわからないのだが、一般の研究報告論文などではハウリングの頻度や時間分布などは誰も報告してくれないので、判断することができない。次回に機会があれば、メキシコあるいはベリーズのホエザルを調査することで、この問題の解答を得たいと思うのである。そのことと関連して、そもそもホエザルのハウリングという行為が、他のホエザルを吠えるべき対象とするように限定されているのかどうかということも吟味しておかねばなるまい。かつて私は、パナマでマントホエザルの調査に従事していた際に、上空を飛ぶ米軍ジェット機に向かってしきりに吠える場面を見ているし、大雨が急に振り出したとたんに一斉に咆哮したという事態にも遭遇している。ティカルでもたとえば樹上性の哺乳類にであった場合などにハウリングをするということもあるのではないだろうか。ティカルの場合であれば、クモザ

図 45. 森林内でホエザルと競合する他の動物たち（左：アカハナグマ , 右：ジェフロイクモザル）

ルとオマキザルが考えやすいが彼らは昼行性で夜間に大きく動くことはまれである。夜間でも活動し、かつ採食などをめぐってホエザルと競合関係にあるものといえばハナグマなどが想定される（図45）。熱帯森林の中では多くの哺乳類が、あるいは哺乳類に限らないかもしれないが、互いの生態的地位をめぐって競争関係にあるのだと言ってもよいかもしれない。吠えるからホエザルと命名されたはずのこのサルたちであっても、なぜ吠えるのか、どんな時に吠えるのか、その時どの個体が吠えているのかなど、あたりまえと思われるような疑問にすら、私たちは答えることが困難である。かくも生態観察は容易ではないのである。機械的な調査ではわからないことが多すぎる。だからこそ私はエピソードを大切にしつつ事例研究に集中したいと思ったのである。

このグァテマラ調査行で、私はサルを観察することの原点に立ち返りたかった。霊長類を対象とした研究であっても、生態学的に進化過程を見ていこうとするのであれば、サルの世界を含む地域生態構造全体をよく知らねばならないだろう。ここでも「見る」ことの大切さを思い起こすべきだ。残念なことに私たちは今の自然的世界つまり現生生物種の生態学的相互関係の形式的総体しか見ることができない。いやその総体の一部しか自分のものとして、つまり実感として対象化することができないのである。そういう研究者の一員である私が、進化を確かめるということは、それ自体が極めて限定的理解に過ぎないということだ。メルロ・ポンティが言う「見える現在の前にも後にも、またその周りにも、その現在の可視性に匹敵しうるものは何もないのだ」（滝浦・木田訳『見えるものと見えないもの』1989）というのはそういうことだ。そういう世界において、私は進化を実感したいと思う。それはすでに自然科学の領域を超え、分析的科学の態度を失っているのかもしれない。今西が自然研究を自然科学の対象としてではなく、「自然学」として、さらに言えば『私』の自然学」として思想的孤立の世界に入っていった気持ちが、今となってようやく理解でき始めたような気がするのである。八〇歳を越えて今西は彼の学問の締めくくりとして「そもそも進化は歴史であり、科学の対象にはならない」（今西 1984）と言っている。「現象から答えを出すことばかり急ぐより、自然という神秘で大きな世界の原理を捕まえることが大事だ。細分化された現代の科学では、自然の本質は結局掴めない。だから私はいさぎよく自然科学と決別し、科学者を廃業したいと思うのである」と言った彼は、決して彼の人生をかけて実践してきた科学者としての過去を振り捨てたわけではないと私は思う。彼の言う「全体自然を改めて見つめ直す」ということは、私にとってもサル学者人生の反省への出発点なのだろう。でも、私は科学を放棄したりはしない。

それでもなお、ホエザル研究の今後

先の8章の結論の一部として、また本章で示した観察の印象からの結果として、私はホエザル社会を下支えするサルたちの行動や社会的諸関係の一般的傾向として次の諸点を指摘しておきたい。

ホエザルの群れは単雄群で構成されるが、ときに複数のオトナオスが存在する。その場合には年齢あるいは体の大きさなどによってオス間の優劣が顕著である場合が大半である。群れ内であってもオスは社会的距離として他個体と離れていることが少なくない。メスは他のサルと近接することもしばしばあるが、ニホンザルのように身体接触や毛づくろいを頻繁にはしない。未成熟の子どもたちは身体接触などを含めてよく遊ぶ。各個体のそのような一般的な状況に依拠して以下の特徴が立ち現れる。

（1）あかんぼう段階では身体上の性差は大きくない。

（2）マカレナのMN-2群では出生率の性差が認められたが、これがホエザル属において普遍的であるという確証はない。

（3）新生児は生後一年未満で半数以上が消失し、二歳時点での死亡率は七〇パーセント以上に達する。死亡率に性差があるという証拠はない。

（4）大半のオスザルは性成熟以前の段階で生まれた群れを去るか、もしくは死亡する。

（5）オスは乗っ取り takeover によって群れの最優位の（しかもほぼ唯一の）オス（α-male）となる。

（6）最優位のオスが何らかの理由で消失した際には、そこに彼よりも劣位にとどまっていたオスがいる場合に限り、最優位オスとなることがある。

（7）群れの中では基本的には最優位のオスだけが交尾することができる（群れの外周においては例外がある）。

（8）最優位のオスの将来は何ら保障されていない。

（9）どんな状況であってもオトナオス同士は互いに十分な距離をもって他者と離れて位置している。

（10）これらの前提から、ホエザルの群れの構成はその群れに生まれ、そこに居続けるメスザルの存在に依存する。

（11）新しい群れの出現過程はまだ詳らかではないが、おそらく既存の群れを離れたオス・メス（複数であることも予想される）が母体となって形成されていくのであろう。

このような生き方の傾向はホエザル属 Genus Alouatta のすべての種に共通しているようだ。オスとメスが比較的長期に恒常的な群れを構成するということは、このような両性の生き方を反映しているということだ。そのような全体的傾向の上に、それぞれの種が持つ（種特性としての、あるいは種依存的な）社会的特性があるのだ。特殊な社会的行為だと考えられていた子殺し infanticide が、ホエザル属においても普遍的事象なのだということも、ホエザル属が基本的にすべて単雄群であるということと密接に関係しているに違いない。もっとも、このような傾向が彼らの共通の祖先に見られたのかどうか、今となっては確認する術がないが、進化というものが過去の種の有した特性を前提として成立しているのだとすれば、ホエザル属の共通祖先もまた、上記のようなオスの特徴を示していたのではないのだろうか。そして条件が整えば、種分化は繰り返すのかもしれない。それこそが種の進化の実体なのである。

サルの群れのまとまりについての理解と展望

さて、ホエザル属の群れの構成、とりわけおとなのオス・メスの比、出産時の性比と、あかんぼうの性差、群れ内におけるオス・メスのあり方、群れと群れの外という空間を彼ら自身がどのように認知して行動しているかについての事例、新群形成過程に対する類推など通して、観察から得られた事象をホエザル属の社会的な性向として理解してきたわけであるが、たまたま私の研究対象として深く考察されたこれら特定の種

Species あるいはその上位概念としての属 Genus から見えてきた霊長類の種の社会の様相は、この先、霊長類全体あるいは霊長類の時系列的な進化過程を考えるにあたって、どのような論理的整合性をもって統合的に展開できるのだろうか。その部分が保証されなければ、私の観察研究は単なる一事例として記録されるだけにとどまるのではないか。

群れという集団を形成して生活するサルたちがその集団の内部構造として持つ相互的関係とそこに由来する種固有の社会構造は、各々の個体が他者との相互交渉を持つ（社会的場面を共有する）という点において、単独生活者とは根底的に異なっている。換言すれば、新世界ザルであれ、旧世界ザルであれ、はたまた類人猿類であれ、特定の集団（群れ）の内部において社会性を前提にしたつき合い方が成り立つすべてのサル類には、オスとメス、集団内の位置が関与する優劣、母子関係に裏打ちされた成長後の相互交渉など、多くの社会的な関係性の中に共通性が認められる。それらは必ずしも霊長類に限定的な社会的様相とは言えないけれども、少なくとも単独生活者を除く霊長類全般に広く存在する傾向であり、霊長類の種社会を規定するに十分な個体間のあり方なのであると言ってよいだろう。

霊長類の研究、あるいは生物種の研究は、生物の多様性が保存されているところであれば、どこででも可能である。ただし、そこで精緻な観察をすれば必ず科学的に正しい結果が得られるほどには自然界は論理的に整然としているわけではない。そういう意味で、私はすでに自然科学から自然学へ、さらには還元主義的な科学を捨て去った自然観への逃避を果たした今西の心境に強く惹かれている。しかしながら、そういう私が最後まで今西とは違って、科学的であることに拘泥するとすれば、やはり最後まで「見ること」に執着し続けなければなるまい。

自然を学び、その成果を歴史や文化と結び付けて蓄積する場は、国際的にもずいぶんと保障されるようになってきた。私がユカタンクロホエザルの観察をすることができたグァテマラのティカルも、日本の文化支援との協働によって文化遺産の保全と調査のためのセンターを建設し、国際的な視野でマヤ文化研究の中心の一つとなっている（図46）。しかし、考えてみればティカルは文化と自然の複合遺産として世界遺産登録がなされている。このセンターにも自然研究部門があってしかるべきだろう。そこで総合的かつ科学的な研究が推進されることで、私の小さな希望でもあるホエザル属の進化史が解明に向けて進んでいくことを強く願って、またいつの日にか、ティカルに戻れる日があることを祈りたい。

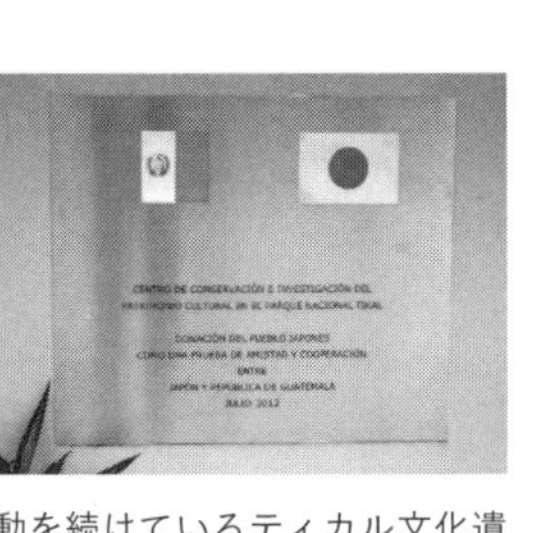

図 46．日本（JICA）の支援によって建設され、活動を続けているティカル文化遺産調査研究センター

第三部

人を考える総合的な視座

10 ヒトの中のサルとサルの中のヒト

サルを学べば人がわかる？

科学的な思考の対象として人間を描くにあたって、それがいかなる意味において人間であるのかという定義めいた前提を最初に考えることが基本的に重要な要件であるのに、あまり顧慮されてこなかったことで、人間論に少なからぬ混乱をもたらしてきた。こういう問題意識は、実際には人間を対象とする諸科学の基本的な方法論的問題として極めて深刻な課題を提出するのであるが、自らが当事者としての人間である研究者としては自明のごとく、にもかかわらず、何も自覚していないということでもあったのだろう。私は、自然環境の中で自然の法則の一部として進化の道を辿ってきた動物群であるサル類を見つめる中で、一つの現実的なありようとしての人間をヒト *Homo sapiens* として理解してきた。そして、それゆえに自然の中でヒトの類縁たるさまざまな霊長類の生態を観察してきたのだと言えよう。

霊長類の社会的行動は、人類の持つ行動特性の生物学的背景を理解するうえで重要な知見を与えてきた。とりわけ近年、比較認知科学の飛躍的な発展は霊長類の行動が内包している認知、類推、洞察といったもともと人間の存在様式の哲学的な表現のために活用されてきた用語を、生物一般の本性 nature に根差した概念として再構築した。もちろん、そのような試みの大半はチンパンジーなどの高度に知的な環境把握力と行動様式を持つ動物における研究によって、その基礎が形成されてきたのであって、それはあたかも、かつてリンネ Carl von Linné が人間を *Homo sapiens* と呼ぶと同時にチンパンジーなどをその同類として配列した(Linné 1735) ことも関係して、類人猿と人類を相同的関係者として先験的に位置づけたところに遡及して考察されねばならないのであろう。このことは霊長類研究全体の流れを擬人主義的あるいは擬人類学主義的な方向へ逸らせてしまうという意味で学的体系の中の大きな問題点でもあったのだが、あまり顧みられることもなかった。私はことあるごとにそのような風潮に警鐘を鳴らしてきたが、擬人主義的述語の耳触りの良さが霊長類社会論の一般社会への普及に貢献したこと、あるいは人間評価の理性中心主義的傾向もあって、今ひとつ厳密な学問としての霊長類学を構築することができなかったのである。ここではそのようなあいまいさを残したままに体系化されたかのようにみえる霊長類の社会構造論を行動の系統性の視点で再考察し、現生種のそれぞれが持つ行動上の特性と社会構造の系統的相互関係から垣間見えたことを基礎にして、私なりのサルから始まる総合人間学への道を提起したいと考えるのである。そのことはまた、私たち自身が現生人類へ至った道を確認する作業でもあり、人間の本性を探る行程でもある。サル学は決して人類学の部分的存在ではない。しかし人間を考える際の素材として、あるいは人間行動を指し示す基本的構造の部分として、サルから学ぶことが少なくない。それはひとえに「ヒトの中にサルが見え、サルの中にヒトの生きようを追う」ということが科学的対象として可能であるということだろう。

社会的であるということ

生物がすべて社会的な存在であるという原則から言えば、取り立てて霊長類だけを特別視しなければならない理由はない。しかしその中に人類を含むという系統上の位置づけから見ても、われわれの存在の意味を論じる論拠のいくつかのうちの一つとして、霊長類の社会的な行動に注目する価値は十分に大きいと思われる。霊長類の社会的な行動を考えるにあたって、最初に注意しなければならないことは、現生霊長類を取り上げただけでも多様な社会的形態すなわち個体間関係のさまざまな展開の総体としての社会的諸関係をそこに見出すということである。やや厳密さを欠く表現ではあるが、霊長類の諸種はその生活史上の違いによって、しばしば単独生活者、ペア生活者、群れ生活者の三パターンに分類される。最後の群れ生活者はさらに単雄群と複雄群に分けられるが、それぞれ規模の大小やオス・メスの社会的性比などの特徴によってさらに細分化されることもある。エチオピアにはそれらの群れ構造が重層化して巨大な集団を構築するゲラダヒヒ *Theropithecus gelada* のようなものさえ生息する。このような社会集団のあり方を考察した伊谷純一郎はそれらを取り纏めた著作『霊長類の社会構造』(1972) で、それぞれの集団の最小基本単位を単位集団BSUと呼び、その相違が当該種の社会進化における位置を示すものであると考えたのである。そして、そのような単位集団のあり方があたかも霊長類を進化史的に区分する系統として再現できるように判断し、系統論を描いたのであった。もっとも伊谷が主張したような社会形態の比較による系統論は、その前提として個別の種の社会構造とそれを支える社会的な諸行動が具体的かつ生態学的に明らかになっていなければならない。しかし、一つ一つの種の社会構造を捉えることはそれほど容易なことではない。マエストリピエリは『マキャベリアンのサル』（2007）の中で、サルの本性の内側に見える人間行動の遺伝子的背景を考察した。彼の論考は一種の行動論であるのだが、彼はアカゲザル *Macaca mulatta* の社会的交渉のプロセスに横たわるオスとメスの基本的な生存戦略の相違を簡潔に描写している。そこで彼が言っているのは、霊長類の種はそれぞれに環境との関係においてその生活のあり方を選択しているのであるが、そこでの「生き易さ」の指標として顕現しているのが、個体間の関係とりわけ同性間の親密さや同所性（共存性）であり、さらにはオス・メスの性的な結合性を通して観察されうる諸関係なのであるということだ。これは、BSUに認められる構造を延長したところに人類社会の構造を解くカギがあるのかどうかに関わる問題として非常に重要な指摘である。そのあたりを生物学的な問題として考えることの意味を次節で考えてみよう。

サルからヒトを考えるということ

人間とは何かという人類史における究極の命題は、哲学・人間論的分野からのアプローチによる精神あるいは心身問題についての考察と、生物学的分野からのいわば還元論的技術革新をベースにした生命の物質的解明という二つの車輪を推進力として、着々と解明されてきたかのようにみえる。とりわけ二〇世紀は人間理解のための新しい時代であったと言える。そのような人間理解に関する科学革命の中にあっても、「人間はいかに動物であるのか」、あるいは「人間はいかほどに〈サル〉的な存在から独立した〈人間らしさ〉を獲得したのか」などということを考える方途については、実りある議論がたくさんなされてきたとは言い難いのではないか。

とくに人類学に関わる一分野として独自の方法論をもって「サルからヒトへ」のプロセスを解析してきたと自負する霊長類学は、高等動物におけるヒトを含む系統群としての生物の一群を対象として、およそ一億年にも及ぶ哺乳類・霊長類の進化の過程（系統と分化）を化石資料に求め、その歴史的な結果としての現生種の多様性を生化学的な分析手法と生態学的な観察手法によって明らかにしてきたと主張するであろう。しかしながら、そこにはいくつかの論理を超越した関係性が前置されてきた、ということについては、ほとんど注意が払われてはこなかった。とりわけ現生種の生態学的知見から「サルからヒトへ」というプロセスを洞察する際には、そのような慎重な認識が不可欠であったはずだ。その代表格が「サルの行動にはヒトの行動の萌芽が存在する」（これを一般的に拡張するとサルはヒトの前駆的生物）という考え方であろう。サル類の観察から得られる結果は「観察したサルが○○の行動をした」という事実にすぎない。この事実は当該のサルが観察者の眼前で示した動作、表情、音声その他を通して、観察者が（人間としての）感覚で得ることのできる具体的な（記述可能な）事実と複数のサルがそれらを相互に相手に向けて（あるいは相手を避けて）発することから推察できる彼らの社会的な意味における関係として限定的であるべきだろう。

ヒトの特徴としての脳

ここで、やや唐突ながら、霊長類の行動を支える生理的な背景の一つとして脳の問題を取り上げよう。

人間はいろいろな意味において「脳を感じる」動物であるが、そもそも科学的な問題設定として「脳を感覚する」などということはあり得るのだろうか。「脳が感覚する」あるいは「脳で感じる」ということは言語的表現としては成立するのだろう。しかし、「感覚する」すなわち感覚器によって受容された外部刺激を受け止め、統合し、判断し、かつ操作的に指令を発する器官であるべき「脳」それ自体を、われわれが感覚するということは不可能である。これは哲学的な問答としてではなくて、生物学的な事実としてそうなのであるから、いわば人間学的「公理」であると言ってよいだろう。

それではわれわれの「感覚」「知覚」「認知」はどのように定義されるものであろうか。行動学的生物研究におけるもっとも基本的なこれらの概念は、身体の感覚受容器が外部環境から受け取るあらゆるレベルの刺激を電気生理学的もしくは生化学的メカニズムとして内部化することと、そのように内部化された生理的な記号を、われわれが脳と総称する身体の部分において統合的に解析し、蓄積すること、及びそれらの蓄積と現在の時点で生起している同様の記号をマッチングさせることで、その記号を意味化することから構成される身体の総合的対応のことなのである。心理学者の藤田和生は、そもそも認知科学というものが「感情は、良きにつけ悪しきにつけ、人の行動を支配する最大の要因」と位置づけ、さらに「人は環境からとりいれた入力を処理し、環境に対して出力する情報処理装置」であるとする考え方に対して、「人の行動には理性では理解できないものがきわめて多い」と考えている（2007）。脳と行動の関係学としての総合人間学を構築するうえで示唆に富んだものであろう。

動物の行動はそのように受容される刺激が記号化される——すなわち身体にとって意味のある信号として身体の変化を促すように機能する——ことによって、身体の一部もしくは全体に反応を引き起こす。その反応は特定の刺激に対する一対一対応的なリアクションのこともあれば、一つの刺激が多くの選択的反応をもたらす、あるいはその選択にかかるもう一つの刺激を必要とするような、複雑なプロセスとして現出することもある。動物行動学者のコンラート・ローレンツたちによって提唱された鍵刺激とそれによって解発された行動という関係性は、まさにこのような身体内の刺激＝反応系として存在する。そこでは行動学者たちは唯一の論理的プロセスとして刺激＝反応系を提唱したものの、その「系」がどのような物質的根拠を持ち、どのような機構的あるいは構造的メカニズムとして身体に存在するのかという点を明確にすることができなかった。つまり、この時点では、まだ脳はブラックボックスであったのである。

私がニホンザルの研究を始めた一九七〇年代初頭には、当時としては先端的な研究が京都大学霊長類研究所などで進行し始めていた。当時同研究所の助教授であった室伏靖子らは、大脳を左右に二分割（いわゆるsplit brain）した条件下で、アカゲサルの認知機能における言語野と運動野の反応速度の左右差を基に、大脳の構造および視交叉を通しての連合の仕組みを研究していた（これらの成果は当時の文部省科学研究費補助金の成果報告書でのみ見ることができる）が、そこでも脳という器官の内的微細構造やその機能の持つ意味にまでは肉薄できてはいなかった。それ以降の脳科学の驚異的な進歩は、理論的な部分においても評価されなければならないが、むしろ脳そのものを直視することを可能にする機器的進歩の貢献によると言えるのではないだろうか。それらは、脳が持つ電気生理学的な仕組みを細胞の活動電位の問題としてのみならず、神経細胞群のネットワークやグループの活性化として認識できる研究方法を開発し、脳機能の局在論を大いに推し進めたのである。

ここで、私が議論の対象にしたいのは、実はそのような脳機能の神経細胞生物学的研究や脳における人間的機能の局在論そのものではなく、そのような脳を持つ人間が、具体的な生活場面において脳機能をどのように維持し、生活行動として発現しているのかという問題なのである。このような視点で脳を考えることで、人間研究としては大きく二つの方向性の研究課題が浮かび上がってくると思われる。

一つは個人の生活史と脳機能という問題である。これは、とくに高齢者における自立的生活と脳機能の維持という点で問題意識に支えられた重要な研究になりうる。もう一つの課題は、生物学あるいは人類学としては根源的な問いかけであって、すなわちヒトの進化における脳の発達の問題なのである。この二つはそもそも次元を異にする問題設定であり、現在の狭隘な学問分野間の分断からいえば、前者は脳生理学と心理学（最近は認知科学などと総称される）からのアプローチによる医学・福祉領域の問題であり、そういう意味からは喫緊の課題でもある。ただし後者の方はといえば、人間の知的関心事としては重要なものではあるけれど、それがすぐに人間福祉に直結しそうなものではなく、しかし、それゆえに人間存在の意味論という点からは避けて通ることのできない問題なのである。

サルから人への系譜 ——総合人間学の立場と脳研究——

ここでは、前節で提起した二つの人間学的脳研究の必要性の中で後者の立場であった進化に関わる問題を検討してみたい。脳の問題は個体レベルの問題のように理解されることが少なくないが、実際には生物種の「種としての存在」の問題なのではないのかと私は考えるのである。もし、そういうことであるなら、霊長類のいわゆる単位集団BSUがどのような社会的な関係を取り結んでいるのかということ、すなわちサルたちはなぜ群れているのか、それも種ごとに一見異なった社会構造あるいは統合原理を持つのかという素朴な疑問を基に、種の進化を論じつつ、ここでは人間性と脳との進化学的相関関係を考察する必要が生じてくる。前述のように、BSUという概念は伊谷が『霊長類の社会構造』などで主張し、その社会の形態的比較を基に霊長類の大きな分類群を系統的に位置づけた。彼の論考は本来なら構造的というべきところではあるが、伊谷の記述を読む限り、残念ながら、それが構造論的な議論だとは認めにくいものである。そこで述べられていることの本質は、彼が考えていた霊長類の系統進化をつなぐ鍵が繁殖形式の問題に矮小化されていた、ということに尽きる。先に述べたように、このような伊谷の態度を指して、今西錦司は「伊谷は生物学主義に後退した」と評したのである（今西 1987）。そもそも進化とは生物種の全面的な変化を意味するものであるから、当該の生物種が持つ一部分の性質を取り上げて、その変化を並べ立てても、種の進化とは必ずしも整合するものであるとは言えない。そういう視点でいうならば、これらの諸問題は、人類の進化すなわち *Homo sapiens* へ至る道程で、ヒトの脳がどのように獲得されてきたのかという問題設定として置き換えることもできる。

現代人 *Homo sapiens* はおよそ二〇万年前にアフリカで誕生したと考えられ、それは一〇万年よりも近年のいずれかの時期にユーラシア大陸へと進出し、新大陸を含めた世界各地へ展開していったということが、ミトコンドリアＤＮＡの詳細な研究などから明らかになりつつある。もっともその過程で、たとえばネアンデルタール人 *Homo neandeltahlensis*（あるいは *Homo sapiens neanedeltahlensis* ）との混血化をもたらしたのではないかとか、インドネシアの小さな島嶼において現代人とは異なる小型の人類 *Homo floresiensis* を生み出した証拠が化石として残存するといった、少々複雑で人類進化を複線型あるいは網状にする議論も少なからず生じている。さらに最近になって台湾から報告された新たな化石種は、これまでに知られていない Homo 属の新種であるという推測がなされているという具合で、現生人類への進化の道筋は一筋縄では明らかにならないといった事情もある。さらには次々と発見され、論文化される新化石などによって科学的議論が精緻化されるのではなく、混迷の方途を歩むという現代ならではの問題も生じている。

また人類進化には霊長類の中におけるヒト化という問題と、ヒトがヒトらしくなる人間化という過程との二つの問いが混在している。脳の進化という観点からいえば、前者は脳の大型化および新機能の付加という視点で論じられるべきものであり、後者は大脳皮質の発達と認知機能の進化（形成・発達）として議論されるべきものである。

さて、そのように複雑で模糊とした人類進化の諸段階の中で、直立性の獲得（すなわち足の形成と手および脳の開放）という面から見た現代人およびそれに先立つ化石種の比較は非常に重要な視点であるが、すでにラミダス猿人 *Ardipithecus ramidas* や、その後に現れたアファール猿人 *Australopithecus afarensis* などと現代人との形態学的比較によって、その進化の後づけが行われている。ここで大切なことは、これまでも言われてきたように、「人類は足から進化した」という事実である。およそ四四〇万年前に生存していたと考えられるラミダス猿人も三五〇万年前の化石種であるアファール猿人もその脳容積がせいぜい四〇〇cc足らずのものであったということが化石の測定から明らかになっている。アファール猿人の中でも一九七四年に発見されたおよそ三二〇万年前の女性の化石は「ルーシー」と名付けられ、最も有名な猿人化石である。「ルーシー」

は骨格全体のほぼ四〇パーセントが纏まって発掘されたので、全身のプロポーションが明らかになった。この発見によって人類は脳容積の増大に先行して二足歩行が現代的になったことが証拠づけられた。さらに彼らが集団生活を営み、比較的高度な社会性を有していたことはおそらく間違いなく、直立二足歩行という形態上の特徴と合わせて、すでに人類らしさを形成していたのだと考えられている。もしそうだとしたら、人間という定義において脳が果たす役割とはいかなるものであるのだろうか。

最近の長寿科学研究の中では「足は第二の脳である」といった表現がしばしば登場する。もちろん足で考えるわけではなく、認知という人間にとって不可欠な機能が足に局在しているはずもない。それでも「足」の持つ生活維持上の重要性は「脳」に劣るものではなさそうである。もっともそれは歩行行為の充実が脳の発達を促し、かつ脳機能の衰退を防止するという経験上の理解である。経験上の理解ではあるけれど、そのような経験知が実際の臨床的行為に及ぼす影響は決して小さなものではない。それゆえに、われわれは身体の健康と脳の健全さの維持という臨床的問題と人類進化の問題とを同時に考察する必要に迫られる。まさに総合人間学が必要とされる所以である。

脳を捉える――社会的場面における総合人間学の実践――

教育哲学者の堀尾輝久は地球時代を生きる者たちへのメッセージとして「平和を願う文化は多様」（堀尾 2011）だと述べているが、これは人間の「脳」が文化を担う可能性の広大さを示すものである。「脳」は現実の生活を支えているのだ。だとすれば、ここで問題にしなければならないのは、そのような人間のあり方と「脳」の関係性なのである。

人間学で大切なことは、それがいかに高度な理論的研究であっても、それを実践的な場面において社会的行為として検証する場を持つことであろう。そこで、私が比較的長期にわたって地域の力を引き出すという社会運動に携わってきた経験からいくつかの事例を提供してみたい。長年にわたって、私は愛知県瀬戸市における「地域力」を創造する地域活動に関わり続けてきたが、そのスタンスは少しずつ変化している。もともと自然と人間の相互関係の実践的理解ということから、私は瀬戸市における多くの時間を里山研究や里山活動における市民運動と関係して過ごしてきた。愛知万博や生物多様性条約第一〇回締約国会議の開催などとの関係もあり、それはそれで興味深く、私自身の学問的関心とも合致するものであった。しかし愛知万博開催以前からずっと、瀬戸市における地域的課題は徐々に環境の問題を離れて、高齢化し沈滞する地域活動そのものを再検討することにシフトしつつある。その結果、地域から突き付けられたテーマが「高齢化に対応する生活の維持方法」であった。もちろん少子化の方も大きな問題であり、これはこれで人間学のテーマとして重要なものであり、私も微力ながら地域先導的役割を果たしてきたつもりであるが、より喫緊のものとして高齢者の健康という問題に集中することとなりつつあった。高齢者の出会いの場は地域活性化、地域包括支援、公民館活動など、条件も状況もさまざまではあるものの、瀬戸市の高齢者が一定時間集まるということでは同様であり、その場を「脳と行動」の問題を人間学的課題として実践的に考える私自身にとっての実験室として活用させていただくこととしてきたのである。

高齢者の認知に関わる問題への参与は、すでに国立長寿医療研究センターや鳥取大学医学部などで積極的に試みられており、多くの成果が蓄積されつつある。それ以前にも東北大学の川島隆太教授が長年にわたって認知トレーニング法を研究され、彼が監修し、商品開発されたいわゆる「脳トレ」が高齢者のみならず、広く活用されていることは周知の通りである。しかし、今回、私が試行している方法は、認知行動のバランスを簡便に整理するという点に特化しており、いわゆる療法ではなく、また訓練法でもない。むしろ日常的な生活の中で脳機能と運動機能をうまく出合わせるという点に着目して展開されている。私はよく「あたまをびっくりさせる」という表現で、この作業を説明する。また、これは療法でも実験研究でもなく、一つの地域活動に過ぎないので、私の所属してきた大学が規定する医学研究倫理規程などにも抵触するものではない。地域活動としての健康維持活動はそのように地域市民の自主的営為でなければならないし、それゆえに総合的な人間学の重要な実践的課題であると確信するのである。

二〇一二年からこれまでに、私が出会った高齢者（六五歳〜八九歳）は延べ二〇〇名を超えているが、彼らは決して被験者ではなく、あくまでも共同のゲーム参加者として認識されている。この点が、通常の高齢者を対象とした臨床実験や福祉施策とは一線を画すところであり、地域活動の中で自ら健康を維持しようとする意識を向上させ、実践に繋げていくうえでは、かなり重要なポイントなのではないかと思われる。そういう意味においてこれ自体は研究ではない。何よりも、この活動は認知症の予防教室ではなく、ましてや治療などとは全く異なるものである。このような活動で留意しなければならないことは、これらの活動を、科学を装った健康講座と混同させてはならないということである。それは私自身が有する科学的な背景と指向性をはっきりと意識し、なお疑似医療に陥らないという決意に基づいている。それゆえに総合人間研究のテーマとなり得るのである。この背景には平均寿命と健康寿命の間に大きな乖離が存在し、なおその間差が徐々に拡大しつつあるという現状がある。一人ひとりの住民が健康に、かつ自立的に生きることが、地域を支える力なのであって、自立者が非自立者を支えるような消極的な福祉社会を目指しているわけではないということを、目標の中にはっきりと位置づけておかなければならないのである。健康に生きるのは何よりも自己のためである。そのためにできることは何かということを、地域活動の中で模索することが健康に生きるための出発点である。これは生物学から出発した私自身の総合人間学的立ち位置として必要な姿勢であろう。

生活の中で健康を自覚するということの内容を住民はどのように理解しているのであろうか。健康とは病気にならないことであるけれど、それだけではない。毎日の生活を充実感を持って生きるということなのであるから、そのためには俗にいうところの「生きがい」が必要だ。ところが日常生活においては、この「生きがい」という認識が明確ではない。それは「生きがい」の前提となるべき「社会生活」における自己のあり方が不明確であるからだ。

いわゆる健康寿命を考えるにあたって、「記憶」「動作」「身体バランス維持」「創造的作業力」などの要件を吟味してみる必要がある。それらがうまく相互的にあるいは合目的的に機能して初めて、「社会生活」すなわち対人関係の正常かつ適切な維持が可能となる。このようなプロセスを考慮すると、日常生活維持の最基底部に「記憶」の維持が必要であることがよくわかるのである。健康寿命の向上のために必要な認知要件としての「記憶」「注意力」「言語力」「推論力」「視空間認知」などの能力は、生物としての人間が、進化の過程で獲得してきたものであって、それだけに取り立てて学習したり訓練したりするような性質のものではなかった。人は成長の過程で、成熟の過程で、そして老化の過程で、すなわちエイジングの全過程において、これらを獲得し、駆使し、研ぎ澄ませてきたのである。平均寿命が現在よりも短かった時代には、おそらくこれらの機能は大きく衰退することなく、生を終えることができたのであり、人生は概ね平穏であったのであろう。もちろん脳卒中などの突発的な病因が生を短くしたり、健康状態を大きく損ねたりすることも少なくはなかったに違いない。さらに栄養的な意味での生の時間的延長が健康と死を隔ててしまった。人は死ににくくなった代償として自立的に生きられない状態を長く持つこととなったのである。これははたして不幸なこと、あるいは誰もが免れることのできない残念な生理的状況なのであろうか。

私は健康に生きるという意味を地域力との関連において確かめるために、いくつかの作業仮説を立てた。認知機能と運動機能の連合はどのように生活上に現れてくるのか。それを制御するための日常生活上の動作や思考のあり方を統合的に捉えることは可能か。地域における集団活動がそのような脳の活性化に有用であるか。そうだとすればどのような活動形態が望ましいのか。それらを社会的実践の中で確かめようとしたのが、私たちの試行である。

東京都老人総合研究所などで言語・認知・脳機能の面から加齢を研究してきた辰巳格は、高齢者の言葉の諸問題に注目してきた実験心理学者であるが、彼はそれらの研究の基礎に、やはり「記憶」を据えている（辰巳 2012）。彼は「記憶」を「忘れる記憶」と「忘れない記憶」と表現して、高齢者の記憶のあり方を分析して見せた。彼は忘れる記憶として、意味記憶、エピソード記憶とともに、ワーキングメモリーを挙げている。ワーキングメモリーとは生活上必要な一時的記憶（たとえば電話番号を仮に覚えるなど）や並行して遂行される二つの行為における注意配分（たとえばスマホを見ながら歩くというような際の注意のあり方など）を含む情報処理過程である。したがってワーキングメモリーは本来的に処理とともに忘れるべき記憶であると言ってもよいのではあるが、作業に支障が生じるようでは生活上の不具合となりかねない。それに対して「もの」や「こと」の名称を記憶することが意味記憶の中心である。これは経験の積み重ねで生じる記憶の引き出しであり、エピソード記憶はそれらとともに経験の蓄積として脳機能のいずこかに溜め込まれていく。そのような記憶が失われていくことが認知症の現象として発現する。ところが手続き記憶と呼ばれるものは経験上の積み重ねで形成されているという点ではエピソード記憶と同様であるにもかかわらず、失われにくい記憶なのである。水泳の習得や自転車に乗るなどという行為が手続き記憶にあたる。

かつて、一九七〇年代の半ばに、私は三重県にあった当時としては最先端の特別養護老人ホームで認知症の利用者を観察させていただいたことがある。当時は痴呆症と呼ばれ、どのように手厚い介護があったとしても、一般社会から隔離された空間としてしか認識されていなかったのであるが、その中にもたくさんの生活があった。ある利用者はすでに七〇代後半であったが、夜になると消灯後に廊下の見回りをするというおかしな習慣があった。困ったことに、彼はその巡回の途中に必ず数か所で小用を足すのである。この理由を彼の生活歴に求めた介護者は、彼がかつて手押しポンプの業者であったことに行き当たり、彼が毎晩見回りをして「注し水」をしているのではないかという推測をしていた。それが正解かどうかはわからずじまいではあったが、生育過程と生活歴に立ち返って記憶を再考するということは重要な指摘であったと思う。まだ認知行動療法などという概念もなく、痴呆は単に理性の崩壊であるかのように考えられていた時代に、その施設では利用者の行動を正面から捉えて、行動原理を探り、そのことから、彼らの行動の意味を探ろうとしていたのである。今にして思えば、「脳と生活」に基礎づけられた総合人間学という概念がそこにはあった。

自立のために ――科学的実践としての総合人間学――

人間は脳の動物である。それは同時に目の動物であり、手の動物であることをも意味する。そして表現者としての人間を考えれば口の動物（言語的操作のできる動物）でもある。それらを総体として支えているのが脳であり、そのような身体を形成した根本にあるのが直立二足歩行なのだ。そういう視点で見れば、脳を人間らしく鍛え、維持することこそ、現代の人間の存在価値を個人のレベルで支えるために必要なことであろう。自然科学的バックグラウンドに依拠する総合人間学のあり方からは、そのような貢献の道もありそうだ。

漢字学習や数的処理を中心とした「脳トレ」は作業訓練としては優れた側面を持っていると考えられる。しかしそれらは習慣的行為として脳活動に定着してしまうと、その威力が低下傾向を示すのではないかと、私は考えている。無意識的行為の繰り返しは運動機能の保持のためには有効ではあっても、脳と行動を有機的に連携させるという点では、その効果はやや希薄である。もちろん私自身が脳活動を定量的に測定しているわけではないから、あまり踏み込んだ意見を言うことは非科学的行為であり、差し控えなければなるまい。しかし、地域で高齢者と対話しながら、いろいろな作業をしていると、小さな行為でもよいから非日常的な場面を作り出すことの必要性を実感する。それが先に述べた「あたまをびっくりさせる」ということであり、より正確には「脳を活性化させる」ということなのである。日常生活においては「脳」を実感することは不可能である。それでも「あたま」を感覚することはできる。

地域活動の現場で実際に展開している事例を一つだけ紹介して本章を閉じよう。ここで紹介する簡単な手遊びは、多くの福祉施設などでも利用されているものの一つであり、特段に意味があるとは言えない。したがって単なる一例にすぎないし、このような簡便な運動は生活の中に無数にあると言ってもよいだろう。しかし、そこがミソであるとも言える。何気ない作業、誰でもできる作業にこそ、日常生活と脳の作用を結びつけるチャンネルがあるのである。

最初に示す事例「かたつむり」は単に右手と左手を交互に開いて、開いた手の甲に反対の手を結んでおく（それがカタツムリに見えるかどうかはともかくとして）という極めて簡単な動作である。それでも歌に合わせて繰り返すと途中でリズムが崩れたり、右手と左手の異なった動作が混同したりしてくる。そのような簡単な動作の繰り返しですら、脳の判断を狂わせる刺激としては有効であるということを示している。脳はじつにサボりやすい臓器である。そのことを理解すれば、「あたまをびっくりさせてやる」ことで、脳と行動の連鎖は結び直されるということが、高齢者の記憶という問題にとって意味のあることだということを実感することができるだろう。もう一つの事例「後追い指数え」はさらに少々難しい課題である。右手と左手で同時に指を折りながら一から一〇までを数えていくという簡単な動作に、右手と左手の指を一つだけずらせるという新たな問題を加えると、この作業は急に困難な課題となる。「あたまは大いに困っている」のであろう。

われわれは地域活動という人間学的実践の場において、このような身体運動と脳機能を接続させる行動を通して脳に刺激を送り込み、活性化とはいかなくとも、多少の維持に役立つであろう経験を繰り返しているのであるが、同時に、文字と文章を用いる回想法的作業も行っている。現在の身近な生活において繰り返し使用される言葉（単語）を基に、さまざまな文章を作成してもらうというのがその基本である。文章課題は時には過去を振り返るものであり、あるいは現在の心境を表現するものである。分量も形式も全く自由に書く。それは書くというよりも描くと言ったほうが適切かもしれない。もちろん採点はしないし、回収もしない。したがって客観的な調査データとしては蓄積していないが、心理学的分析という手法があれば、科学的に検証することも可能だろう。これらは次の段階の問題として、いずれは医療福祉と地域活動の視点から見た総合人間学として考え直してみたい。

高齢社会の到来は待ったなしの問題であり、すべての人が当事者である。そこでは研究者も被験者も対等に関与することを余儀なくされる。ならば、ともに参加するという視点が必要なのではないか。そこに総合人間学が科学的背景を持つ実践の学として存在意義を主張できそうである。サルに始まった私たちはすべて動物として生きてきた者たちの子孫なのだ（日高 1983）ということも忘れるわけにはいかない。誰にでもできる動作課題を地域の自主的活動の中に組み入れることで、生活の中で「脳を感覚すること」を学ぶという、新たな地域自立型活動を総合人間学の学的体系の外縁に位置づけていきたいと考えるものである。そこからヒトの中のサルとサルの中のヒトの関係が鮮やかに見えてくるのではないだろうか。

11 人間らしさの生態的基礎

大災害から学んだこと、学ばなかったこと

時として、あるいは性懲りもなく人間は、自分たちの置かれた位置を見失うものである。二〇一一年の東日本大震災は「私たちが忘れてきた自然の歴史」と「経験知としての未曾有の大災害」との関係を端無くも暴きだし、文明の脆弱さを顕わにした。すでに一〇年以上の年月を経過した、いわゆる3・11の悲劇については、すでに多くの識者による見解が氾濫しているが、それらの中で共通していることは「自然災害と人災（すなわち文明が作り出した巨大事故の構図）を峻別すべきである」ということだろう。同時に識者たちはこれを機に「真に循環的な社会システムを構築すべきである」と言う。それらの意見を見聞きするにつけ、「その通りだよなぁ」と思う私自身とともに「自然と人間の関係はそんなに簡単に切り分けられるものではないだろう」と自問自答する私がいることに気づかされる。さらに「循環型の自然が必ずしも人にやさしいというわけではない」とも。歴史を振り返れば、人間の手になる技術革新が人間社会のあり方を規定してきたということを理解することはできる。しかし、そのような社会変動の仕組みが、私たちの自覚せざるところで私

たち自身の生活を操作しているという現実は、容易には認識できない。ならば3・11は私たちに何を突きつけ、あるいは何を語りかけてきたのだろうか。

個人的な経験から議論を始めよう。私は霊長類の生態と彼らが生息する自然環境に関心を持って野外研究を続けてきた者である。比較的温暖な日本の自然と中南米のジャングル地帯で自然を見つめ続けてきた。とりわけ長年にわたって主たる調査地としてきたコロンビアのマカレナ熱帯雨林の中では、しばしば巨大な樹木の終焉に出くわした、ということは第6章で述べた。以下に繰り返すと、真夜中に大音響とともに崩れ落ちる巨木とそれに引きずられるように連動して倒壊する周辺の樹木群は、悠久の時が流れる緑の絨毯に数十メートルにも及ぶ穴を穿ち、風景は激変する。熱帯雨林に生きるものたちにとって、それはまさに宇宙の崩壊なのだ。そしてその崩壊は彼らの新しい生活の始まりでもあり、飛躍のチャンスそのものでもある。しかし生活図式が確立した現代社会にあっては、そのような自然の激変は、安定した人間の生活を崩壊させる劇的変動であって、好ましいものではないのだ。

私は3・11を人間生活の愚かさの必然的な帰結だなどと言いたいわけではない。しかし、原子力発電所という夢の巨大装置が引き起こした結果に右往左往していながら、われわれの生活の根本的な見直し以前に自然エネルギーや代替エネルギーに飛びつく姿勢は、人間が自ら形成し発展させてきた「自らの養い方」(これを生活とか文化とか文明という言葉に置き換えても同様である)の根本精神に由来するのではないか。「楽をして旨いものを喰う」のが動物の本性であるとすれば、人間の生き方の現状はその基本線を一歩も越えるものではなく、しかも自らの生活基盤を掘り崩すという点では動物以下であって、そのような「文化」を持つ、あるいはそのような「文化」しか持たない存在としての私たち自身を振り返ってみれば、いったいどのように人間は自己をコントロールしてきたと言えるのだろうか。未曾有の大災害に遭遇して、今や私たちは過去の文明を自らの生活のラディカルな意味における自己否定とともに乗り越えなければならないのである。

人類史の中で

初めに断わっておかねばならないことがある。それはここでの私たちの思考が「人類再生の道しるべ」となるものではないということである。3・11以降、昨今の巷間の識者の発言を仄聞すると、現代人とりわけ先進諸国の住人が、地球環境に暮らす生物の中で唯一の不遜で資源独占的行動に奔走する極悪非道な存在であるかに聞こえることが少なくない。しかし、私たちがそのような存在になるに至った経緯を考えるためには、ヒトが辿った生物としての「進化の道筋」と人間が歩みの中で育んできた生活技術や思考としての文化を蓄積させてきた「進歩の過程」の両面から、その結果としての人間存在を省みることが必要である。そのような考察を成就させるための手がかりとして、私は野生霊長類（とくにニホンザルと中南米に生息するオマキザル科のサル）の生態に関心を持ち、同時にいくつかの地で少数民族の暮らしを垣間見てきた。それがそのまま学問的に繋がるかどうかはいまだに判然とはしない。ただ、人間が今もサルの類でありながら、サルとしての生態的地位を離れて唯一世界を独占する存在となっているという現実は、人間存在を再考する際に忘れてはならず、人類進化をひも解く方程式において重要で未解決な項なのである。最近ではチンパンジーの認知能力を一つのモデルとして人間の持つ知性の問題に接近しようとする方法もある。京都大学のアイ・

プロジェクトなどがそうだった。チンパンジーの、数や形さらには個体間の関係などについての認知能力を明らかにする研究で、主としてコンピュータ画面を介して研究者とチンパンジーのコミュニケーションが行われた。もっとも、このプロジェクトが研究資金の恣意的かつ不正な操作を原因として、その本体である研究所それ自体を崩壊・廃止させたという事実をもって悪しき人間行動の見本のような存在となったのは、まことに皮肉なことである。

地上を二本足で歩くことから人類の生活は始まった。とは言っても二歩足で歩いたからといって生活の質がそのことでただちに変化したわけではなく、その時点でヒトの祖先は動物そのものであっただろう。ところが生物学的に見てみれば、二本足で歩くという行動様式はただちに身体全体に大きな変化を与え、同時に行動上の変容をもたらしたのだとも考えられる。そのような証拠が近年次々と発見されて人類史が大きく書き換えられつつあるが、その一つ、エチオピア・アファール地方の乾燥地帯は人類誕生の歴史を伝える化石の宝庫だ。今から四四〇万年前のラミダス猿人はすでにチンパンジーからヒトの系統へ連なるものへとして存在していたことを窺わせる（Science 2009 など）。三五〇万年前のアファール猿人になるとはっきりとした直立二足歩行が認められるとともに直立性と生活様式の関連性が想定されるようになるようだ。自由な活動性を得た手（前肢）はもはや移動器官としてではなく、生活を支える可動器官や指の動作、すなわちマニュピレーションのための道具として日常生活や育児に存分に発揮されていたことだろう。さらに直立した生活は脳を大きくし（こんなに簡単に断定的に記述してよいのかどうか、私個人としては少し躊躇するところがあるのだけれど）、結果として知的な活動を増大させたと想定される。そういう意味において、ヒトがサル的な生活から脱却した要因として直立二足歩行が果たした役割は限りなく大きい。ただ、だからといってその時点でヒトがサル的な食物摂取のあり方を脱却して、初期的な採集狩猟経済いわゆる「手から口への経済」に移行したというわけではないだろう。なぜなら、そのためにはヒト間の相互的な社会関係の形成、たとえば食物の分配などの仕組みが必要だったからである。

自然を利用するとともに、自然の直接的な脅威を受け続ける存在、つまりは自然そのものとして生きるということは、一〇〇パーセント他の生物に依存し、生存する従属栄養生物としての動物が持つ生活上の一般的な特徴に過ぎないのであるから、生物としてのヒトが人間になるためには自然と人間との間に対立的とまでは言わなくとも相互に向き合う行為が必要であったと言わざるを得ない。それが「自然の社会化」あるいはその結果としての「自然からの疎外」であった。それは人間の行為としては栽培植物や家畜の生産・維持管理などということであり、いわば「意識的で主体的な生物的生産」の始まりなのである。この人間独自の営為は、人間の論理によって形成された二次的環境を生物圏の中に展開することでもあって、その最大の結果が人間活動の集積化・重層化そして都市の誕生という形で結実したのである。そのような歴史的過程はホモ・サピエンスの二〇万年の歴史に沿って緩やかに進行したのではあろうけれども、とりわけ農耕・牧畜の発生以降のおよそ一万年前に至ると、生物原則を離れた急激な変化となり、それは必然的に生活に必要な資源・エネルギー需要の爆発的増大となって現出する。さらに産業革命以来の人間活動は、人間社会全体の共同意思（あるいは幻想）として、あたかも自己の欲望の無限拡大こそが人間の究極的目的であるかの様相を呈して、われわれの現代社会に連なっているのであろう。

このような生物学的な意味でのヒト化すなわち人類進化のプロセスと人間化過程としての文化集積や社会的発展の問題を考察するにあたっては、霊長類各種の行動や生態の理解と人間行動の比較検討が必要である。とはいうものの比較という行為はともすれば相同現象の通時的変化を捉えるという視点で展開されるにもかかわらず、その中に共時的な構造として現れてくる相似（系統的背景を持たない類似性）を包含してしまう可能性をいつも孕んでいる。とりわけヒトを含む霊長類全体に関係するような行動の相同性を、どのようにすれば科学的に明示することができるのかという難問がそこには横たわっているのである。

日本の霊長類学は一九五〇年代より社会構造論や文化進化論（現生霊長類の各系統群に発現する萌芽的文化現象の発見）を基軸として展開されてきた。その学史的流れを詳しく紹介する紙幅はないが、要約すれば、そこには人間文化の視点をサル社会に適用したところから始まる共感法という研究手法に起因する問題が常に付きまとっていた。サルの生活様式に人間概念として成熟したところの「社会」という用語を無定義に用いたという思考の陥穽自体に大きな問題があるのだが、それを論じることはここでは控えておく。

それでは、サルとヒトを比較することから始まる人類探求と、世界の各地で人間の生活を通暁する調査を通して、私が得たことはいったい何だったのか。そこに私は無意識なる自己人為淘汰に支配された人間を発見するのである。

旅の果てに了解したこと

私の野外調査の大半は中南米熱帯雨林との関係で実施されてきたから、私のイメージする原自然は生物多様性に富んだ森林である。しかし生態学が教えるところによれば、森林と草原を比較してみても単年当たりの一次生産量にはそんなに違いがない。むしろ草地生態系の生産力の高さに驚かされるくらいである。もちろん現存量すなわち植物体としての蓄積からいえば、森林のほうが圧倒的に大きいのだが、それではわれわれ人間の生活と直接的に結びつく生態学的数値からいえば、純生産量か現存量か、どちらが重要視されるのかということを考慮しておく必要があるのではないか。そういう視点で私は熱帯森林調査と併行してアジアの草原地帯を歩き回ってきた。それは主として現在では中国に従属する地域なのであるが、具体的にはチベット自治区、新疆ウイグル自治区、内モンゴル自治区などであって、それぞれに文化的背景や宗教的背景、あるいは民族ごとの社会構造などを異にし、また歴史上の事実として互いに影響されてきたところでもある。森林と草原という生態学的に対比される世界において、そこに定住して生活を営んできた人々の「生活の質」の違いを考察することで、人間にとっての環境とは何かということを考えるヒントが得られるであろうというのが、このような場を選んで旅してきた私の目論見である。

最近の研究（Mann 2005 など）は、アマゾン地域が決して人跡未到の地や世界最後の処女地などではなくて、長期間にわたって人間がその生活の痕跡を積み上げてきたところであるということを論証しつつある。そのような事実は私たちが調査してきたコロンビア中部マカレナ地方の熱帯林でもよく知られている。そのマカレナ調査地は東アンデス山脈がアマゾンへ崩れ落ちた熱帯低地に位置しており、さらに東方の独立したテーブル・マウンテンであるマカレナ山塊との間に熱帯林の絨毯が形成されている。熱帯林にはいくつかのパターンが存在するが、マカレナ熱帯雨林はその中で熱帯季節林というカテゴリーに分類される。熱帯季節林には短期間ながらほとんど降雨のない時期があることで、植物の多様性に富み、その結果として昆虫などの種数も際立って多くなっているようだ。そして何よりもここで大切なことは、そのような多様な生物が織りなすネットワークをうまく利用することで地域に密着した人間の生活が展開されてきたということである。私たちはこの地で人間の利用が促進したと思われるいくつかの有用樹種の高密度分布を見出してきた。それは数種のヤシ類、野生のカカオ種などで、同地に長く生活場所を維持してきたと思われるインディヘナの一族（おそらくティニグア族）がその主人公であっただろうと推測されている。私が調査を開始した一九七〇年代半ばにはその一族はすでに数人の生存が知られるだけであったが、彼らの祖先たちが残したと思われる河岸の岩に刻まれた動物画、人物画あるいはさまざまな文様が過去の生活を想像させる。また現地で、私は彼らが製作したと思われる石器類を発見しており、そこでは石器類とともに大量の剥離屑が存在することから、その場所が石器の利用場所のみならず製作現場であり、あるいはコロンビア・アマゾンを覆い尽くす低地熱帯地域における石器流通の出発点の一つであった可能性も示唆される。それがいったい何年ぐらい前のことなのかはよくわかっていないが、少なくともヨーロッパからの侵略者コンキスタドールたちがその地へ到達した後も比較的近年までは、そのような石器を利用した生活が存在したことを窺わせるのである。そしてそのような文化的道具立てがあってこそ、アマゾン地域における人間（ここでは先住民社会）の文化的営為が維持されてきたのであり、その生活が植物や動物の分布や生息密度にさえ少なからぬ影響を及ぼしていたことが窺えるのである。

このような事例は何もオリノコ川の最上流部にあたるマカレナ地域に限ったことではなくてアマゾン、オリノコ二大河川では中上流部でもあたりまえの事態であったのだと思われる。マン C.C.Mann（2005）はもっと極端にアマゾン川流域のおよそ半分は何らかの形で人間の痕跡をとどめており、その中にははっきりと灌漑や農地の造成が認められると述べている。

さてマカレナ地域は前述のような先住民の生活とは独立的に、征服者たちの末裔たる現在の住民たちによって形成された社会的な場とそこでの彼らの生活が展開されて現在に至った。先住民社会が長期にわたって蓄積してきた「自然との生き生きとした交流」の歴史やそこから生まれた自然物についての膨大な経験の蓄積あるいは知識といったものは、彼らの狩猟採集民としての生活に依拠して形成され、またそれを支えていたわけだが、それらの大半は現在の生活者にはほとんど継承されることなく消滅していった。散発的に生存している先住民の末裔たちがそのような生活技術の断片を現在の住民に伝えてはいることもあって、現在の住民たちでさえ私たちのように現代社会の最先端から飛び込んだ人間よりもはるかに多くの自然知識を所有していることは明らかではあるが、それを「自然との生き生きとした交流」の中から学び取った知恵の集積と呼ぶにはあまりにも、先住民に比しても、後退したものなのであろう。ここで確認されることは、近代の人間がいかに自然との暮らしを希求しようとも、現実に得られるのは自然との一体感などではなくて、あくまでも自然の利用者・破壊者としての暮らしやそのための知識に過ぎないということなのだ。

他方、アジアの草原地帯や高原地域に目を転じれば、そこには熱帯森林とは全く趣を異にする生活を営んでいる人々の社会を見ることができる。そのいくつかを管見しつつ、自然と人間の関係をもう一度考えてみることにしよう。

私がアジアで経験してきたそれらの地域に共通するのは、そこが中国支配下にある少数民族自治区であるということだ。それは支配層である中国政府とそれを支持する人々によって民族固有の文化を抑圧された地であり、自己表現を制限された人々の住む大地でもある。そういった視点をまず持つことが調査にプラスなのかマイナスなのかという吟味をすることも、客観主義的な人類探求としては必要なことなのかもしれないと、私も思う。そう思うのだけれど、そういういわば現実社会が醸し出すイメージを先験的に取り込んだ心性で人々の暮らしを見つめるというのも、ある意味では霊長類研究における共感法にも似た悪しき接近態度ではないだろうかとも考えてしまう。結局は極めて主観的な報告にならざるを得ないのだけれど、多様な人間の多岐にわたる社会のあり方を考察するうえでは、それも大切な視点なのだろうというのが、私なりの方法論にはあるのだ。

さて、そのような視点から対象地域を眺めてみると一つの共通項に気づく。それはチベット人であれ、新疆ウイグル自治区の諸集団であれ、内モンゴルに閉じ込められたモンゴル人であれ、自分たちの生活様式を「最上のもの」として自覚しているということである。「なんだ、あたりまえじゃないか」と思う人は一度、自分の生活についての自己意識を思い返してみればよい。あなたは現代社会の中で自己の位置と社会そのものとの間に存在する乖離感を持ってはいないだろうか。先進諸国住民としての満足感や優越感とともに、自然から遊離した世界で生活することから生じる自己への疎外感を持ちはしないか。そんなことは何も感じないという人は幸せであるが、その一点において、すでに文化的被抑圧者の敵である。自分たちの生活様式を最上のものと自覚する人々もまた、それゆえに他の民族に対する嫌悪感を持つことが珍しくない。モンゴルの人々は漢民族のような農耕生活を自分たちの暮らしと比べて一段低いもの、あるいは自分たちは手を染めないものと考えている。それでもツァンパ（麦こがしを水あるいはヤクのバターで練った主食）のためには麦を農耕民から購入する。歴史的に見れば本来が農奴的農耕民であったチベットの人々は自らが生産する裸麦、大麦、小麦などを使用して、同様のツァンパを作る。両者のツァンパには少々違いがないわけでもないが、同系統の文化様式を異なった生業形態を営む民族が共有していることも面白い。そこには国家としての現代中国における二つの少数民族自治区間の比較などという視点からは読み取ることのできない何かが存在する。それこそが民族固有の生活実感なのであろう。「豊かさ」という概念が人間生活において必要であるとすれば、それは、このような生活実感を持って生きられるかどうかという点における評価指標としてなのではないだろうか。

右に述べたチベット、内モンゴルという二つの地域はラマ教（チベット仏教）に支配される地域であるという共通項を持っている。それもまた両地域の歴史的交流あるいは支配関係の結果なのであるが、そういう意味でいうと、民族固有の文化とか地域独自の文化などという定義の仕方にも問題がありそうだということに気づかされる。私がそのことを強く感じたのは一九九七年に新疆ウイグル自治区のウルムチを訪ねた時のことであった。

当時の新疆ウイグル自治区はウイグル族を中心としながらも多数の少数民族が共存する地域である。ここもまた漢民族の移住政策によって、主としてイスラム文化の抑制、あるいは漢文化への同化が強く求められてきた。さらに最近では言語、教育、生活史など民族文化の全般にわたって漢文化への依存が強制的に推し進められている。ここであからさまな少数民族に対する人権侵害そのものについて触れることは避けるが、そのような背景に厳然と存在しているのは同和的な文化政策などではなく、中国の経済戦略そのものなのだということを理解しなければならない。同地は地下資源の宝庫である。同時に風力発電の風車が見渡す限りに林立するようなエネルギー拠点でもある。そして沙漠の上を膨大な量のプラスチック廃棄物が舞っているような環境政策皆無の大量消費型ゴミ社会でもある。もともとウルムチの周辺は天山山脈などの万年雪から流下する水を活用した灌漑農業が行われており、農作物や果実の一大生産地であった。今でも桃、葡萄などの産地として名高く、さらにはマーケットなどを覗くと、無限とも思われるほど多品種の南瓜などの野菜類が無選別のままで並べられている。農業生産という視点から見ればまことに面白い現象なのではあるが、それは当地に長く定住してきた人々が農業をそのように、つまり人間の手で支配し尽くさないような大らかな手法で、展開してきた結果なのであろう。後から入ってきた漢民族の人々はあの広大な土地の中で、集約的な農業に専心した作物づくりをしているように見える。それは前者に比べれば生産効率のよい作業形態であろうし、商品作物として優れたものを供給しているのだろう。したがって、当然のようにウイグルの人々の農業は、収入という点でいえば、漢民族の人々のそれには遠く及ばないのである。そのような状況が経済格差を押し広げる要因であるが、ではウイグルの人々に近代的農業手法を教授することで何もかもが解決できるのだろうか。私はそうは思わない。そこにこそ、生業と文化、生活の総体が、歴史的な所産として抜きがたく合一している民族精神が存在するのであり、経済活動の安易な変革はそのような精神構造を根底から否定してしまうことになりかねないのである。近代化を推し進める国家の中にある少数民族の悲劇は差別の構造を全面的に拡大しつつ、そのように静かに、しかし暴力的に、深く進行していると言ってよいのだ。

もう一つ事例を検討しておきたい。それはタイ北部の少数民族地域である。チェンマイの北西一帯からミャンマーにかけて多数の民族が集中的に生活しているが、それぞれの民族の人口規模は小さい。ここではモン族（メオ族などと呼称されることもある）の人々の小さな村を取り上げてみる。その村はチェンマイ市外からおよそ二時間のドライブで到達できる山岳地にある。今でこそ二時間だが十数年前までは何度も車を乗り換えてその先は徒歩でしか行き着くことのできない辺鄙な場所であった。いや辺鄙という感想はそこを訪問する者の勝手な感想に過ぎないのであって、そこに住まう人にとってはどうでも良いことであったに違いない。私は一九九五年と二〇〇六年の二度そこを訪れる機会を得たのだが、その間（かん）のたった一二年は、文化変容と言うか文化破壊と言うかはともかくとして、人々の暮らしを根底から変化させるに十分な時間だったのである。最初の訪問で私は山中の急斜面に点々と竹づくりの家屋と小さな動物小屋が展望できる長閑な村に感動したことを今も忘れることができない。村の空き地にはこれも小さな畑があり、時にはそこにケシの花が咲いていたりしたものだ。その後、アヘンの原料としてのケシ栽培は厳禁され、軍による徹底的な焼き払いなどもあって、そのような風景を今は見ることができない。しかし変貌はそれにはとどまらなかった。おそらく数少ない換金作物として栽培されてきたケシに代わる収入の道として、人々が考えたのか外部からのそそのかしがあったのかはわからないけれど、住民が選んだのは観光で生きるという方法だった。たった一〇年ほどで道路は整備され、観光バスまでが村にやってくるようになった。村の坂道は土産物屋が並ぶ観光客用の商店街路となり、地元の民族工芸品、チベットやインドや何処のものかと言いたくなるような民芸品の山に埋もれて片言の英語や日本語や中国語が飛び交い、商品が売れ、喫茶店舗が賑わう光景が日常茶飯事となっている。この変貌ぶりはいったい何を象徴しているのだろう。しかし一二年ぶりに同地を訪れた私を驚愕させたのは、そのような風景だけではない。たしかに竹づくりの家屋などが消滅し、トタン屋根のスラム様の密集街と化した村の変貌には落胆したが、それでも今の世の中は金次第という側面を否定できないから、それはそれで人々の選択なのだ。ただ一つ許せなかったのは自然の音まで壊したことであった。竹の家屋に降る雨は自然の恵みや脅威を感じさせてくれた。しかしトタン板をたたく雨の音はただただ喧しいだけの暴力だ。そのような移り変わりの中で、人々は民族の素朴な音色を忘れ、タイの山中にロックの電子音を響かせることで現代的な生活文化に染まっていくのだろう。それを豊かさの証などと、私は誰にも呼ばせることができない。

さらにあれほど強引にアヘン原料となるケシの栽培を禁止しているにもかかわらず、村のあちこちに散在する小さなビニール温室ではたくさんの何かの苗が育てられている。よく見るとそれらの大半は大麻草であって、どうやら村人はこれを換金作物として売買しているらしい。このような事情をどのように理解すれば良いのだろうか。

現在世界中に分布している人間諸集団のそれぞれ固有の文化から、人間がどのように文明的であろうとしたのかということとともに、文明化の過程で何を捨ててきたのかということが理解できる。生み出したのは欲望、失ったのは自然との同調性なのだと私は考えている。

自己家畜化と自己人為淘汰

前節で私が言いたかったのは、人間の「文化なるもの」は、本来は、地域の自然環境との間に交わされた相互交渉の集大成として存在しているということである。もちろんそこには他地域の人間との関係や歴史的なしがらみが大いに関係してくるだろうし、何よりも当事者自身がそのような関係を具体的に自覚しているわけではない。この自覚せざる環境との関係性こそが人間の辿った道における人間らしさの源泉となっている。それを自己家畜化という言葉で表現することがある。自己家畜化などという言葉を聞くと、何やら人間が自らを意図的に「飼いならし」てきた歴史を指すような錯覚に陥る。しかしわれわれは自らを「飼いならし」たのではない。あたかも自然の存在としての生物種がその生活の場との関係で結果として選択圧を受容してきたのと同様に、人間は自然環境との交わりの中で「飼いならされ」てきたのであり、その後は「飼いならされ」続けることによって生じる次なる環境（それは徐々に人間臭い二次的環境と化す）による「飼いならされ」の過程が進行してきたのだと言える。そういう視点で見る限り、自己家畜化とは人工環境への人類の適応の結果であり、その過程で働くのが自己人為淘汰の法則なのである。

自己人為淘汰という耳慣れない述語はいくつかの前提を包含している。一つは人為淘汰であるにもかかわらず、そこに自己の意図が存在しないということであろう。意図なき自己選択にはたしかに意思は存在しない。しかしそのような誘導が生じる動因はある。それが欲望という心的過程なのである。動物はあらゆる意味において欲求を持つ存在だ。人間もその分に漏れない。しかし根本的に違うのは欲求が充足をもって終わる過程であるのにたいして、欲望は終わらない。そういう意味で欲求は動物行動一般が持つある種の鍵刺激と行動そして終息という一連の生物的過程であるのに対して、欲望は次なる欲望を生み出す前提となる人間に特有な社会的連鎖過程なのであろう。

自己人為淘汰のもう一つの前提は本章の前半で述べた「社会化された自然」とその象徴たる「食料などの自己生産システム」として理解されている。それらは人間の従属栄養生物としての生存と人口拡大による生物圏制覇戦略のための装置となったが、その方向性を定めることはなかった。すなわち自己人為淘汰には「実用的目的」も「進むべき方向性」も存在しない。そこにあるのは欲望の限りなき連鎖だけである。それにもかかわらず、人間が今見るようにある種の繁栄を遂げてきたのは、まさに畢竟の妙だと思わねばなるまい。

われわれの繁栄にも二つの側面がある。人間としての歴史の前半の時代をわれわれは自然に対する身体的な克服の時代として経験してきた。そこでも二次的環境への適応があるにはあったのだが、それは相対的には極めて小さく、欲望もまた自己完結できるくらいに卑小なものであっただろう。過酷な環境で生き延び、生活域を拡大させることが自己人為淘汰を推し進めたのだ。しかしそれは徐々にそして加速度的に消費生活を拡大させる方向へ変化した。そこからわれわれは生物としてのコントロールを失った自己人為淘汰による欲望の連鎖へと突き進んでしまったのだ。かつてゴーギャンは D'où venons-nous? Que sommes-nous? Où allons-nous?（我々はどこから来たのか　我々は何者なのか　我々はどこへ行くのか）というタイトルの大作を発表した（図47）。光り輝くタヒチにあってなお、求めるものの尽きないような人間生活。それはわれわれの文明が行きつく先を暗示しているかのようである。

3・11の悲惨な結末は、人間が文明化というスローガンのもとで何を掴んできたのかということを顕にした。動物からの解放としての自己人為淘汰が人間にもたらした欲望の連鎖。人間は生物圏で人間が生き延びるためには何をしてもよいという自由を獲得した。にもかかわらず、本当に生き延びることができるのかどうかは誰にもわからない。それでも、否、だからこそなのか、3・11の被災地では今も「再建」を求めて「絆」を模索する日々が続いているのである。とはいえ、生物の世界にサルとして生まれ、そのサルから進化した人間（ヒト）という存在を、私たちは科学的に位置づけることができずにいる。私たちが、地球の中で、生物的世界の中で、本当に自己の存在責任を自覚する日はまだまだ遠いようだ。

図 47. ゴーギャン「我々はどこから来たのか 我々は何者か 我々はどこへ行くのか」

12 共生社会理念の自然科学的枠組み

生物学的事実としての共生

共生という言葉が日常生活であたりまえのように使用されるようになって久しい。しかし、考えてみれば、これほど多様に誤解されてきた用語も少ないのではないだろうか。「共生とは一緒に（仲良く）住まうこと」といった意味の定義が辞書的説明では大半を占めている。人間社会ではそれで十分なような気もするけれど、何かしっくりしない気がするのはどうしてだろう。ところで持続的成長を背景にした「共生社会」という概念は、もちろん人間の存在を前提としており、人間社会がどのように永続的かつ公正に維持されるのかということを主眼に置いていることには間違いない。そのような前提で共生という言葉を使用する際には、生物学でいうところの共生すなわちシンビオシス（シンバイオシス）symbiosis という学術語とは少々意味合いを異にする理解が必要である。そのために、まずは生物学分野では共生を自然科学の概念としてどのように定義しているのかを見てみたい。そう思って、いくつかの生物学書をひも解いてみたのだが、共生についての記述はじつにそっけないものが大半である。たとえば、アメリカを中心に教養生物学の標準テキストとして著名な『キャンベル生物学』（原著第11版 2018）にはそもそも共生という項目自体がなく、共生関係として「異なる生物種が直接接触して生態学的な関係をつくること」としか記述されていない。ベゴン Michael Begonらによる大著『生態学』（原著第4版 日本語版 2013）では、「共生と相利」という章で「共生（symbiosis〝一緒に暮らす〟の意）」と、これまたそっけない記述しかない。日本生態学会が編纂した『生態学入門』（2004）においても共生は生物群集における種間相互関係の一つの形態としてしか論じられてはおらず、競争関係と並列に扱われている始末だ。共生という言葉に対する扱い方ということでいえば、他の生物学書や生態学書も大差はないであろう。ただ、生態学者の川那部浩哉は「地球上の生物は、ともに生きていくことを前提にして、自分を作り上げてきたのであり、少し長い時間、広い場所を考えれば、今やそれ（良きにつけ悪しきにつけ関係を持つこと：木村による補足）なしにはうまくいかない状態にある」という生物間の関係を考えて、「この意味で、地球は共生的な存在であることに間違いない」と断じたのである（川那部 1996）。川那部のこのような論理の展開は、今から五〇年以上前に遡って跡づけることができる。川那部の尊敬した生態学者の一人エルトンの著書『侵略の生態学』（1958）には「生物とはそもそも、他の生物の存在を前提にし、他の生物とさまざまな関係を持つことによって、良かれ悪しかれ、生活を続けていくように成立しているものである。この点で生物間の関係は相互依存的であり、時間を長くとってみれば、少なくとも結果として相互扶助的であると言ってよいのである」という記述がある。そこで彼らが言っていることの真意は、共生という状態そのものの中に競争という生物独特の振る舞い方が内包されているということであり、共生は競争との対立的な概念として単純化されないということなのではないか。そうだとすれば問題は、彼らの論理が現代生物学の現状から見て、少数派あるいは曖昧な推論に過ぎないかどうかである。少し別の視点を加味してみよう。ここで私が言いたいことは、共生は生態学的事実（としての状態）であるが、そのそもそもの基は進化という生物現象にあるということだ。生物進化学の先導者であったエルンスト・マイアは二一世紀の生物学者へ向けた遺書とでもいうべき著作『これが生物学だ』(Mayr 1996) では共生に関してはほとんど何も語ってはいない。しかし彼は一つだけ非常に重要なことを指摘している。それは生物が共存する状況（あるいはそのような状態が作り出される継時的推移）においては競争という関係が不可欠であるということだ。第6章でも指摘したように、この一見矛盾した指摘の中にこそ、生物学的な意味における共生概念の真の意味を見出すことができるのである。

私が四〇年近く通ってきた南米の熱帯雨林（コロンビア・オリノコ川源流・マカレナ地域）では、数えきれないくらい多種多様な生物が一見何の脈絡もなく生活しているように見える。キャンプの裏の茂みで捕虫網を一振りするだけで、まだ名前もついていない多数の昆虫を見ることだってできるのだ。現在、世界のあらゆる場で生活している生物種の総数は一〇〇〇万とも三〇〇〇万ともいわれる。結局はとても数え切れるものではないというのが現実なのである。そして一九八〇年代以降の生物学は、それらを生物多様性という概念でひとまず説明してきた。ここでいう多様性とは、たくさんという意味だけではなく、それらの種がそれぞれに互いに「何らかの関係」をもって存在しているということを含意している。「何らかの関係」の中心は進化における分化と放散である。だからバイオダイバーシティー biodiversity なのだ。互いに関係しているということは、それぞれが相手に何らかの影響を与え、かつ相手から何らかの影響を受けているということである。この影響には、それぞれの種にとってプラスのこともあれば、マイナスのこともあり得る。あらゆる関係の可能性を含みながら、相手を一方的に追い詰めることなく、長い時間をとってみれば、相互に相手の存在に依存し、相手の存在を許容するという結果をもたらしているのである。とはいえ、それは生物種が互いに相手に友好的配慮をしているという意味ではなく、種はそれぞれに利己的でさえあるのだ。それが生物多様性の内実であり、生物的共生はそのような多様性の上に成り立っている。このような前提があって初めて、生物多様性条約（1992）で提示された三種の多様性が成立する。そこでは従来から多様性概念の要であった種間の多様性（たくさんの種が存在すること）とともに、種内の多様性（地域的変異すなわち遺伝的レベルでの多様性）と生態系の多様性（多数の種から構成される生物集団の多様性）を可視化できる実体概念として理解することが求められた。

そのような多種多様な生物種とそれらの生物個体を構成する素材としての無機物からなる有機的構造としての生物世界、すなわち生態系が調和的であるように見えるのは、ひとえに長大な時間の中で形成された関係であるからに違いない。つまり生物多様性における関係性は、時間に支えられた、言い換えれば進化の産物なのである。生物学的に提示される共生とは、このような複雑系なのであって、その中のいずれかの種がそれぞれ独自の法則性をもって他の種全体と対峙したり、優越したりするものではない。そうだとすれば、生物の一種として存在しているはずの人間としては、そこにこそ人間と生物的自然との関係を読み取っておかねばならないのではないか。自然環境を自制的に捉えるという意味での環境倫理観はそこに存在するのだろう。

共生系としての地球

ここで本章冒頭に戻って再考するが、共生という理念は常に人間の生活上の問題と密接に関連づけられて論じられてきた。そういう意味からいえば、共生理念は自然科学的概念でありながら、人間の社会的存在様式の課題として、あるいは人間社会の存立基盤に関わる問題として理解されてきたとも言えよう。それゆえにもう一度、生態学的事実に立ち返って、生物間の関係性を理解したうえで、一見無秩序な有機体のごとくにも見える生物社会を分析し直して、自然の秩序とその中に生じた人間社会のあり方、さらには人間が歴史的発展（ここでは生物進化史と人類文化発展史をあえて分けずにおく）の中から独自に形成してきた社会の法則性と社会集団としてのあり方について展望してみることが必要なのである。ただし人間論としての共生論を、私自身が直接ここでは扱わないようにしたい。あくまでも自然科学的視点から共生という生物間に生じる状態を明確に示したいと思うのである。地球共生系という用語はずいぶん使い古された用語のように思えるが、実際には一九八九年にようやく提示されたものであるという（川那部 1996）。「一つの土地に多くの生物種が同時に生息できる」ということは、経験知としては相当に古い時代から知られていた事実である。多様性という言葉こそ使用しなかったけれど、アリストテレスの時代にはすでに多くの生物種の間に「ある種の構造が存在する」ことが知られていた。それを生物階梯などと言って進化論の前段階のように考えた時代もあったが、今では、それらはむしろ多様性についての当時なりの解釈として捉えられている。とはいえ、すでに二四〇〇年も昔に、ギリシアの哲学者たちには生物多様性へと連なるような自然理解の構図があり、それらを構成する生物（種）間の関係が考察され始めていたという事実は興味深い。そして、そこでいつも彼らの頭を悩ませていた問題こそが、人間という存在をどのように位置づけるかということであったのではないか。生命現象という科学的理由づけで一元化すれば、人間もまた生物である。しかし何かが違う、という認識は、人間理解を進めるうえでの大いなる難問であったのだろう。とはいえ哲学的課題としての人間論は他の分野の専門家たちに任せるとして、ここでは多様な生物的世界を見る存在としての人間がいたというに留めておきたい。

人間が自らの外的環境世界として自然界を眺めた時、そこには人間の直感的理解を超えた膨大な種から構成される生物世界が存在していた。森林であれ、海洋であれ、はたまた草原や砂漠であれ、あらゆる生物世界において、人間は生活の必要から、あるいは知的関心から、もしくは偶然の接近から、次々と新たな生物種に遭遇し、命名し、分類し、階層化することによって、生物界を人間の周囲に構造化された環境として位置づけていったのである。そこでは人間もまた生物種の一つにすぎないという大前提はひとまず払拭され、世界の中心として君臨する人間対周辺の自然という理解が強化され、あるいは世界を理解する唯一の存在としての人間という関係性が強調された。近代以降の人間理解の哲学的深化は、人間存在を心身の両面から明らかにしてきたが、他方では人間を自然から疎外するに十分な理論的背景をも与えたのである。人間を特殊視するというのは、ある意味では当然のことであり、人類学はそのように反応して人間中心主義と文化進化主義へと押しすすめられ、生物学すらもそのような立ち位置を包含してきたと言ってよいだろう。二〇世紀も終盤に差し掛かって、ようやく人間を生物の一員に戻すムーブメントは働き始めた。たとえばダーウィン的な意味での適者生存・自然選択の網にかからず、したがって進化論では十分に説明ができないと考えられていた行動のいくつかが進化生態学や行動生態学の説明原理によって明示され、とくに人間に固有である行動とさえ思われていた利他的な行動が、必ずしも他を思いやる行動などではなくて、遺伝子レベルにおける利己的振る舞い、かつ統計学的整合性によって説明可能な原理であるということが承認されるに至って、人間の道徳観や生命倫理の独自性は行動科学による説明に取って代わられてしまったのだ。地球の上に成立した共生系とはそのようなものなのだというのである。「一つの土地に多くの生物種が同時に生息することができる」ということと、そこに「人間も住む」ということを合一できなければ地球共生系は成立しない。しかし、自然を客観視すると称して、あらゆる種を単純に同一レベルの存在として等閑視するのではなくて、世界を理解する主体としての人間存在を自覚するということは、単純な自然物の集合体としての世界ではない生物生存圏と主体たる人間との関係として再認識されなければならないのである。人間にとって、地球共生系とはそのような社会的存在なのだ。そこにこそ共生社会の土台があるのだと思う。

生物学的な共生概念と生物多様性の関係を知るために

人間あるいは人間社会と自然との関係として共生を捉えるということは、人間社会の成立と維持機構の問題として重要な課題である。そこでは、ここまでの議論とは少々方向を異にする考え方が必要であって、生物世界のあり方を生態学的関係性として説明するだけでは十分とは言えないだろう。そこでひとまず次のような設問を置いてみたい。

二〇世紀後半に至って人類は明確な形での自然破壊、あるいは不可逆的とも思えるような自然の改変を行ってきたが、このような自然への過度な干渉をするのは人類だけの特性なのだろうか。

この設問が意図する点はただ一つである。多くの動物たちは他の生物の生命を消費することで自らの生を成り立たせている。この点は人類も同様なのか、それとも質的に違うのか。この問題を解くために、私は多くの時間を霊長類の生態観察に費やしてきた。

生態学という学問はいくつもの方法論で成り立っている。それはあたかも異なった学問分野の集合体のようにも見える。それでも生態学が生態学であり続けられるのは、どのような方法によっても、知ろうとすることは一つ、すなわち「生物相互の関係性」の理解という点で一貫しているからである。「生物相互の関係性」というのは、個体と個体の関係、種集団と種集団との関係、異種を含む群集と同様の群集との関係、群集内における種内・種間の関係、生態系間に生じる諸関係など、多岐にわたるものである。それを解く鍵も生物世界の通時的な構造や共時的な構造に依拠しているから、解法も単純ではない。ただし、どのような関係を知りたいと思うのかという視点さえ定まれば、方法を決めることができる。私は生物個体がその生活場所で、すなわち生態系の中で、何をしているのかということを知りたいと考えてきた。科学的に気取って言えば「ニホンザルが日本の森林生態系内に持っている生態的地位　ニッチェ niche を析出させる」ということだ。したがって、方法はただ一つ、徹底的に彼らを見ることに尽きるのである。徹底的に見て、徹底的に記録するという極めて単純な方法が、「一生物個体」と「周辺の環境としての他生物種」との関係の全体を垣間見せてくれるのである。誰にでもできる単純な方法であるが、根気のいる仕事でもある。ここからは生物学的共生の事例を紹介することで、自然科学的共生理解の一端を示すことにしよう。

環境問題と共生理解への接近

一九五〇年代以降、日本ではいわゆる公害問題が多発し、環境汚染が急激に深刻化していった。水俣病に代表される環境の化学的汚染はその原因究明が追いつかず、被害を拡大し続けていたし、海岸の埋め立てによる工業地帯の大造成、国有林における天然林の大規模伐採とそれに続く拡大造林、河川・内水面の汚濁、大気汚染とそれに伴う公害病の発生、都市への人口集中と生活環境の悪化など、自然の改変はとどまるところを知らない状況が続いていたのである。そのような中で、日本の生態学者の大半は国際生物学事業（ＩＢＰ）に連なる生態系における生産力調査に邁進していた。この国際研究事業の目的とするところは、世界を網羅する生態系全体が、いったいどれくらいの有機物生産の連鎖を形成しているのかということを知るという点にあった。つまるところ生物生産の総量はどれくらいで、その結果として地球という空間が維持できる生物量はどれくらいなのかということを知ることであったと言ってもよい。ここでキーワードとなるのが環境収容力 carrying capacity という概念である。環境収容力とも環境容量とも訳されるこの用語は、一九七二年にいわゆる「ローマクラブ報告」として提出された『成長の限界』（大来佐武郎監訳 1972）とも見事に符合する。この時代の最大の関心事は「いったい地球という水と緑の星はどれくらいの人口を養い得るのか」という点に尽きたのだ。二〇世紀初頭にようやく一五億人程度であった世界人口は一九七〇年には四〇億人を大きく超えていた。結果的には二〇〇〇年には六〇億人に達して、一〇〇年間に人口が四倍にもなるという、これまで考えられないような増加率を示していたのである。その後、増加率そのものはやや減衰してはいるものの、二〇二二年末頃にはついに八〇億人を超えた。中でも、いわゆる先進諸国の人口は減少に転じ、出生率の低下が各国を悩ませる事態ともなっている。これらのことはいわゆる南北問題や資源の偏在と枯渇への恐怖、貧困の地域的集中と作為的な経済操作による富の一極集中など、一つの国家や地域の問題としてはもはや解決できない問題として全世界に突き付けられているのである。

そのような生態学的状況を辿っていく中で、かつて林学科の学生であった私には一つの課題が与えられた。自然を破壊する力を持つのは果たして人間だけなのか。そして人間が行う自然破壊と動物が生態系内で行う自然利用すなわち他種との生態学的諸関係はどのように違うのか。その問いはそれ以降の私に課せられた研究テーマとなったのである。それではどのような調査を構築することが、具体的にそのような課題に接近することになるのか。これまで生態学がほとんど考えなかった問題がそこに浮上してきたと言ってよかった。時は一九七〇年。私の研究生活の始まりであった。

自然は自らを語ってくれた——ニホンザルが教えてくれたこと——

前節の問いかけを解くための研究対象として私はニホンザルを選ぶこととなった。ニホンザルは人類を除く霊長類の中で最北限にまで生息域を拡大させた動物であり、最も採食活動の困難な時期をも持つ可能性のあるサルでもある。そのようなサルが北海道を除く日本列島の温帯林に暮らしている。もちろん冬季に極端に食物を欠く雪国暮らしを経験しなければならない群れもあれば、年中温暖な中で生物季節に応じて食物を確保できる群れもあり、一口にニホンザルといえども、その暮らしぶりはかなり変化に富んでいる。私は宮崎県の日南海岸沖に浮かぶ幸島という三五ヘクタールの小さな空間に生きる一群のニホンザルを調査の対象として観察を行った（Kimura 1988 など）。幸島は常緑温帯性樹林と亜熱帯性海岸植生を併せ持ち、島の中心部は薪炭生産のために伐採されて、伐開地にはアカメガシワなど暖温帯における裸地で最初期に侵入し成長するパイオニア植物が占有する二次林もしくは杉の植林地が手入れもされないままに放置されているというような貧弱な森林しか持たない小島である。そこに太平洋戦争前からニホンザルの小集団が生息しており、地元の一部の人がたまにサツマイモなどを投げ与えていたといわれている。戦後になって今西錦司らによって京都大学霊長類研究グループが組織され、ニホンザル研究が始動した。幸島は大分の高崎山とともに最初の本格的な調査地となり、ニホンザルの社会や文化にまつわる研究が展開され（河合 1964）、のちに京都大学の調査研究施設が置かれて今日に至っている。私は可能な限りサルの群れについて歩くことから始めて、早朝から日没までサルの活動時間のすべてを記録の範囲に置くとともに、ターゲットとしたサル一頭が一日に採食したすべての植物（葉、芽、果実、花、若枝、樹皮など）、昆虫、土、その他を記載し、その採食量を推計した。実はこの調査方法は伊谷たちがニホンザル研究の当初からとっていたものであり、今も世界中の霊長類を追いかける日本の研究者にとっては基本的なサルへの接近態度なのである。私もその基本に忠実であったが、同時にまた、資料の一部を研究室に持ち帰り、カロリーメータを使って摂食量に相当する摂取カロリーを推定するなどの実験的データの収集をも研究に加えた。もちろん対象個体の性別、年齢、社会的位置などによる採食行動や摂食量の違いも少なくないと予想されたことから、観察対象個体を多くしたので、その分だけ観察時間も試料分析の量も大幅に増加していった。

一方、幸島の植生を分析して四パターンの植生帯に分割したうえでそれぞれの植生に対応する植物の生産量とその中に占める採食可能植物種と摂食可能部位の総量を推計していくことも必要であった。植生調査の結果、幸島全体で年間八〇・一トンの植物生産量（いわゆる純生産量）がサルに提供されているという結果となった。もちろんその中には幹の生長などサルにとっては食物資源とならない部分も含まれているものの、サルにとっては決して少なくない量のように見えたのである。ところで当時この島に生息していたサルはあかんぼうも含めて一二五頭であった。彼らが年間に食物として必要とする植物量は推計で総量六・七トンであった。遊動域内の植物純生産量の一〇パーセント以内の消費で生活は維持できるとすれば、このバランスシートは悪くないように見える。しかし、実際にはサルが植物を採取するときの行動パターンを見ておく必要がある。彼らは少量の葉を摂食するために大量の葉をむしり取ったり、小枝ごと折り取ったりしている。また果実の採取においてもロスが非常に多く、またかじりかけのものを平気で捨ててしまったりするので、採集の効率を計算式の中に導入しておかねばならなかったのである。それらを勘案して最終的に算出した数値は、採食に必要な植物体量は最小に見積もっても二〇・一トンであり、最大六七トンにも及ぶことが示唆されたのである。これは幸島の森林生産量（成長量・純生産量）の二四・八パーセントから八二・六パーセントにも達する膨大な量であり、森林の継続的な維持そのものにも影響を与える量であると推察されたのである。もっとも植物は植物体が欠損するとより多くの成長を促すこともあるので、サルによって折り取られたりかじり取られたりしたものがすべて負の要因だということにはならないのかもしれない。しかし、この結果は当初の予想を大きく超えてサルの採食行動というものが森林植物、とりわけ嗜好性の強い植物に対して高い被食圧をかけていることを想像させたのであった。野生のサルたちは自然をかなりの規模で壊していたのである。この調査によって、私は自然の総体を分析的に切り分ける方法を学んだのである。そうして、研究対象としてのサルともう一つの対象である環境（生活の場とそれを構成している多くの生物種）としての森林を相互関係の中で統合的に考えるという態度に行き着くことができたと言える。

森を創るサル――アカホエザルの生活から垣間見えたこと――

野生動物がその生活の場である森自体に破壊的に働きかけているという事実は、単に生物経済学的意味としての物質・エネルギー収支だけではなく、生物種の行動や他者（他種の生物）との関わり方を考察するうえで重要な示唆を与えてくれた。それでは動物は自然利用者という顔の他にはどのような側面を持っているのだろうか。それを明らかにするためには、同様の生活様式を有する複数種が併存する場所を調査地として選択する必要がある。日本の霊長類研究者は一九七一年から南米大陸に生息する広鼻猿類（新世界ザルと総称される）の集中的な生態調査を実施して今日に至っている。その中で私はコロンビア・マカレナ地域のティニグア国立公園の原生林に建設された恒常的な調査基地を中心に、オマキザル科に属する霊長類七種の生態調査とその生息環境である熱帯雨林の長期観察を実施してきた。その開始時期は一九七六年であり、紆余曲折の末、一時期の中断を除き、二〇〇二年に内戦の激化によって撤退するまで、集中的な調査体制を構築し、複数種のそれぞれ複数群を個体識別法に基づく個体追跡を武器として、全生活史の解明に努めてきた。

一つの調査地に七種ものサルが同所的に生息しているということは、その土地がサルにとって資源豊富な場であるということを示している。しかし、資源が豊富でありさえすれば、多くの種が親和的に安定して生活を続けられるというようなものでもない。そもそも生活上の要求が比較的似かよっていると同時に基本的に同様の生活手段を持っているいくつかの種が同所的に暮らしている背景はいったい何であろうか。一般的にいえば、生活要求の似た種は、資源をめぐる競争関係にあるために、同所的に生活することが困難である。そこでは互いの抗争的な関係が頻発するか、お互いが時間的あるいは空間的に避けあうことによって成立するある種のすみわけの構造が出現すると考えられている。しかし、霊長類においては必ずしもそのような状況にならずに、同所的に共存するように見える例が、アフリカでも、東南アジアでも、中南米でも、普通に生じている。ただし、ここでいう共存はお互いの行動を認め合ったうえでの共同生活でも、協力関係でもなく、正しく空間的に併存しているに過ぎない。そのような状態を社会的な文脈ではどのように理解すればよいだろうか。

ここで注意しておかなければならないことは、同所的ということの真の意味である。マカレナ調査地で私が調査した七種のサルとは、大型のウーリーモンキー、クモザル、中型のアカホエザル、フサオマキザル、小型のリスザル、ダスキーティティ、そして夜行性のヨザルである。この七種はすべて地理的には比較的広い生息分布が知られているとともに複数の同属異種に取り囲まれるようにその種の分布域が確定しているものばかりである。もう少し丁寧に言えば、彼らがマカレナに生息しているのはそれぞれの種が同属の種間に認められる固有の分布との関係においてその種独自の分布の仕方が決定されているということであって、現にマカレナに分布している他のサル類との関係においてそこにいなければならないというわけではない。つまりマカレナに七種の霊長類を認めることができるのは、偶然の同所性に過ぎないとも言える。したがって七種のうちの多くは、お互いにそれぞれの種自身が固有の遊動域を持つ群れに分かれて種内で対峙し、他の種とは無関係に生活しているように見えている。もちろん森を利用する際には、ウーリーモンキー、クモザル、アカホエザルは林冠に近い空間を、フサオマキザルは中層から林床を、リスザルは頻繁にフサオマキザルの群れに追随し、残りの二種は森林内の小河川沿いや撹乱地に発達した茂みに生活場所を展開している。またヨザルだけが大木にできた洞に巣穴を持つ。にもかかわらず、たとえば、夜行性のヨザルと朝夕に活動のピークを持つダスキーティティが、それぞれの集団（群れ）の遊動域を重複させずにすみわけるのはどうしてなのだろう。ここから読み取れることは、種間関係というものは具体的な生活場所で、具体的な関係が発生した際には顕在化するが、だからといって、それらが種の分布そのものを決定づけているというわけではないということである。そこには〈食う―食われる〉などの一義的な関係を除けば、競争関係も共存関係も、特定の種間固有のものとしては存在していない。

それならサンゴ礁で普通に見られるクマノミとサンゴイソギンチャクのように固定的で安定した共生関係をどう理解すればよいのかという疑問が、読者には生じるに違いない。しかし、このようないわば教科書的な共生関係というのは、おそらく長期にわたる捕食関係のような競争あるいは競合が調整された状態であって、結果としての広域にわたる共生的安定なのだと推測されるのである。だから、さまざまな場面でそのような事例が存在していても不思議ではない。

さて、いよいよアカホエザルの問題に移ろう。8章に詳述したとおり、私が長期にわたって断続的に観察を続けてきた一つの群れでは毎年のようにあかんぼうが生まれるのであるが、彼らは二歳までに八〇パーセント近くが消失し、また成熟したオスは、ある時にはメスも、その多くが群れから消失するので、群れのサイズは常に一一頭から一四頭で安定していた。この群れの遊動域はおよそ三〇ヘクタールで、直線的に移動すれば六〇〇メートルで遊動域全体を縦断することになる。そのような狭い空間を少なくとも一六年間も変化させることなく世代を維持してきたということは、この群れの土地への執着の大きさを示している。サルに執着などという言葉を使用すると人文・社会科学の人々からは擬人主義という批判を免れないと思うが、この感覚はサルを見続けてもらわねば伝えられない。さてそのようなホエザルの群れであるが、彼らはこの空間の中ですべての生活を完結させている。もちろんこの空間をウーリーモンキーも、クモザルも、フサオマキザルもそれにくっついたリスザルも利用し、通過する。そういう意味では食物とりわけ季節ごとに変化する多種多様な果実類はすべての種に競合的でさえある。しかしそこではほとんど競争的な対立が生じることはなく、誰かが採食中には他の種は近くにいてもそしらぬ風を装っている。傍若無人なのはウーリーモンキーくらいのものだ。アカホエザルも群れ固有の遊動域を他の同種の群れとは決定的に重複を避けており、その境界で生じるのが、ホエザルという命名の元になった巨大な吠え声なのである。さて、ここで共生との関係で問題にしたいのは、サル同士の関係ではなくて、ホエザルと森の樹木との関係である。ホエザルは一日に膨大な量の葉（とくに柔らかな新葉）を食するが、同時に大量の果実を好む。しかし、果実は季節依存性が強いので、多くの種類の果実を季節ごとに選択的に食べているのである。その際に多くの種子が丸呑みされて、そのまま排泄されてしまう。そこで一九九〇年代初頭にマカレナ調査地にやってきた採食生態学者の湯本貴和は、私の観察する群れのサルたちが森のどの木で果実を食べ、その際に飲み込んだ種子がどこで排泄されるのかを徹底的な直接観察で調べてみた。詳細はその論文（Yumoto et al. 1999）に詳しいが、ここでは結果の一部だけを略述するにとどめたい。

ホエザルには面白い習性がある。彼らは一日の大半を樹上高くの枝で寝て暮らしているから地上にいる観察者からはほとんど見えないことも少なくない。しかし、目を覚まして少し移動するとその樹上で採食する。また移動する直前に群れのほぼすべての個体が同一の場所で順番に排泄する。したがって群れの中のどの個体がどこで排泄し、どこで何を採食したのかということは、当時の湯本のように体力のある若い研究者が根気と体力を最大限に発揮すれば見届けることができる。もっとも数週間にわたって、途切れなく続けなければならないので、その間は未明の泊まり場へ出向いてサルたちの起床を待ち、全体が眠りについてからキャンプへ戻るという生活を強いられる。こんな研究方法もあるのだ。それはともかく、このような方法でわかるのは、いつどの個体がどこで何を食べ、その種子をいつどこで排泄したのかということである。これを生態学的にいえば動物による種子散布ということになる。ホエザルによるこの種子散布のパターンは、ホエザルの選好する果実が選択的に食される場所の近傍に同時期に他の場所で食べた別の果実の種子が結果的に散布されることを意味している。その結果、サルの好きな果実のできる樹木の近傍には別の好ましい樹木群もまた生育しているということとなる。アカホエザルは無自覚な種子散布を通して自らの生息域内にサルにとっての食物供給地を形成しているのである。その結果、彼らの遊動距離はますます短くなり、採食量が充足できるだけの最小固有遊動域で満足し、アカホエザルの遊動域は他のサルに比べても一段と狭くなり、そのことが多くのアカホエザルの群れの集中的な生息を保障しているとも言えるのだ。このようにアカホエザルは特異な採食方法と種子散布の結果として、ホエザルという自らの種と採食対象の多くの植物種、さらには他のサル類の種とも共存関係を形成していると言える。アカホエザルの生息する森と生息しない森の植生に見られる種の分散様式を比較調査すれば、森の形成にサルが果たしている役割がより鮮明に見えてくるに違いない。

多様性と共生社会

ここまで霊長類研究の立場から、共生関係の形成過程の一端となりそうな事例を示してきたが、共生関係というものは必ずしも単一の法則性によって定義されるものではなさそうである。一つだけ言えることは自然界における多種による共生状態は、個々の種が持つ種特異的行動特性が他種に働きかけた結果として、歴史的に形成されるものであるということだろう。そこでは種多様性と共生は一義的連関を取り結ぶものではなく、種の生残のための戦略的行動が他の種の生息に抑圧的・殲滅的に働くのでない限り、受容され、関係をスタートさせるのであろう。そのような関係が相互にとって生残率を向上させるとなれば、なおさらこの関係は早く定式化され、外見的にも共生関係として認識されやすくなるに違いない。

翻って人間関係における共生を考えてみれば、そこには歴史的背景を担った共生の代わりに、約束事としての人道主義が見え隠れすると感じるのは私だけだろうか。人類はホモ・サピエンスという一つの、そして内的には区別され得ない生物種であり、それゆえにあらゆる意味において平等もしくは対等でなければならない。だが、このような考え方は近代が苦悩の末に生み出したある種の幻想に過ぎない。いや、私は人間が不平等に扱われて良いなどと言おうとしているわけではない。むしろその見かけの平等性に隠蔽されている人間における多様性に対する歪んだ平等主義についての危惧を述べておきたいだけなのだ。多文化共生社会などという美しい言葉では、少数民族問題、宗教対立あるいはそれに名を借りたジェノサイドじみた紛争、難民問題、性差別、格差社会など、現代人が否応なしに直面させられている世界の実情を覆い隠すことはできない。なぜなら、それら諸問題の背景のすべてに私たち日本人社会も大いに関係がある。つまり人間の世界で問題となる共生という構図では、どんな事態であっても当事者であるわれわれ自身が主体的に責任を負っているのである。どんな責任かって？ そういう質問がすでに共生社会の現実に対する対立的姿勢なのだと私は思うのだ。E・O・ウィルソンは、「人間の倫理的義務は、何よりもまず慎重さということである。私たちは生物多様性のどんな小さなかけらであっても一つ一つをかけがえのないものとし、それを利用することを学び、それが人類に対してどんな意味を持つのかを理解しようと努めなければならない」と述べている。生活のすべてにわたって自己を充満させているサルの生活にも、私たちは学ぶ点を見出すことができそうだ。

13 共生社会はどこを目指すのか

共生時代の新たな始まり？ それとも終焉？

共生社会という概念が地球共生系の維持システムに関わる特殊な学術用語としてではなく、人間存在の共同性を帯びた世界の共通語として、多くの社会的場面において変革の主たる指導原理に位置づけられたのは、ようやく二一世紀に入って以降のことである。その背景には生物学的事実としての多様性概念が人間存在の文化的諸側面においても重要な意味を持つものとして捉えられるようになったということがある。そういう意味において共生と多様性は人間の将来を表現する双子の理念だと言ってもよい。しかし、私たちはそのような理念の重要性を考えるうえで、しばしばさらに普遍的な事実を置き忘れてしまう。それは、私たちの存在（ここでいう私たちとは、人間全体を指す言葉であると同時に、自然それ自身、とりわけ生物的世界の総体をも含意する）における秩序ということである。

現代社会にあっては、秩序はしばしば拘束的なものとしてむしろ否定的に語られることが多いが、本質的に自然とそれが包み込むすべての世界は秩序系なのであり、いまだにその実態理解には程遠いものの、世界は物理学的構造として秩序化されている。生物系のみがそれを離れて自由に振る舞うことなどは想定外であり、そういう意味では人間の思考の体系すら宇宙における物理的秩序の一断片に過ぎない。問題は秩序を秩序ならしめている基本は何かということなのであるけれども、そこが実際にはよくわからない、というか、多くの科学者、哲学者や思想家が多くを語ってなお、共同理解に到達できないのである。あえて、ここで私が表現できるとすれば、秩序とは絶対的支配力を持つ何ものかが外挿的に構築するものではなくて、「もののあつまり」が必然的に有する内発的構造だということだけである。

とはいえ、人間の生活基盤としての共生社会は、それゆえに秩序系でなければならない。多様性を、個々に区別されたそれぞれ固有の存在（特徴）の集合だと思うだけでは共生概念には到底行き着くことができないのである。自然における秩序とは何か、ということを考えるたびに、私は、かつて私がアマゾンの自然の中で経験し、魅了された生物界の劇的変化を思い起こさせられる。本書6、11章でも述べたように、アマゾン熱帯林では、突然に崩れ落ちる大木が緑の絨毯に大きな穴を穿ち、そこを埋め尽くす多種多様な植物群、幾万ものアリからナマケモノ、何種ものサル類、空を舞う鳥たち、果てはジャガーのような捕食者に至るすべての生物の生活を混乱させる。それによってカタストロフィックな変革と彼らにとっての世界の再構成を余儀なくされる壮大な生物間の諸関係は、当該地域のすべての生物にとってアンシャン・レジームからの脱出のチャンスでもある。とはいえ、すべての生物が次なるパラダイスへ移行し、時代の主人公となれるわけでもない。この事態は、一つの場において生活を維持している種社会のネットワークが、ある種の自然内部の契機によって、必然的な変化を迫られるということを意味しているに過ぎない。だが、観察者たる私にはその必然を必然としては捉えることができないので、自然界では多くの偶然が重なって地域的自然は歴史時間を重ねていく、というように理解してしまうのである。そこから多様性への精確な理解が歪むのだ。

では人間社会ではどうだろうか。ずっと以前にマルクスやその他の哲学者が看破したように、人間社会は時間軸に沿って進歩発展してきた。ただし、その進歩発展が当該の人間にとって幸福と繋がるような、もしくは幸福の増大へ向かっての変化であったのかどうかは定かではない。むしろ一人ひとりの人間に目が向けられることはなかったとまでは言わないが、社会的まとまりとしての人間に対象化されていたと言うべきではないか。ただ、近代以降の人間社会においては、個の尊厳が徐々に重要な要件となっていったことで、一人ひとりの幸福が実現されるかどうかも社会評価の指標の一つとなったのである。とはいうものの、それを計測する「ものさし」は、個の尊厳やその総体としての人間の多様的価値を測るにはあまりにもアバウトすぎたようである。我が国における人権尊重へのこれまでの歩みと現状を見れば、そのことはよくわかる。

近年、というか一時期、ブータンの「国民総幸福量（GNH）は国民総生産（GNP）よりも重要である」という政策が注目を浴びた。経済成長を重視する姿勢を見直し、伝統的な社会・文化や民意、環境にも配慮した「国民の幸福」の実現を目指すことを主張する意見も少なからず流布されている。ブータンにおけるGNHの背景には仏教の価値観があり、環境保護、文化の発展などを推進力として「家族は互いに助け合っているか」「睡眠時間は足りているか」「植林をしたか」「医療機関までの距離はどうか」などさまざまな、かつ異質とも思われる個人努力レベルの指標が策定されて、GNHの考え方自体が憲法にも明記されている。このような価値観は先鋭化した経済至上主義や生産量のみを経済指標として消費をその結果としか考えない新自由主義に支配された現代社会に対する一つの抵抗としては大変に意義深いものであると、私も考える。とはいうものの、このような考え方は現代経済社会のあり方全体に対する置換的能力を十分に持つことができず、小さな社会実験レベルにおいてしか意味づけられないという欠点を持っている。そもそも「幸福度」とは何を意味するのかということも概念の共有化が困難である。もっとも、そのような欠点を指摘するばかりではなく、どうすればそのような社会に転換できるのかを考えるべきだという能動的な見解もあり得るだろうが、それはあくまでも主張の域を脱することのできない、いわば「ごまめの歯ぎしり」にとどまっているのだ。私自身は、これもまた、個人的には残念に思うのだが……。

共生と社会の多様性

さて、共生社会の現在と将来への諸問題に移ろう。先の議論でも述べたように、二一世紀に入って以降の共生理念は多様性という言葉を随伴させつつ、常に人間の生活上の問題と密接に関連づけて論じられてきた。そういう意味からいえば、共生理念は本来的に自然科学的概念でありながら、人間の社会的存在様式の課題として、あるいは人間社会の存立基盤に関わる問題として徐々に理解されてきたとも言えよう。それでは、共生社会における共生の主体とはいったい誰なのだろうか。共生するという状態であるからには複数の主体の間に関わる状況を指すのであろうが、現実には、それらを特定することは決して容易ではない。そこには、地球をグローバルに捉えた時に認められるようなマクロな人間集団（たとえば *Homo sapiens* 全体）の内部構造としての社会間の相互関係や相互交渉、人間社会を自然環境との関係で持続させるような維持機構としての人間─自然共生態、あるいは質的に意味合いの異なるそれら両者の細分化された状況としての個別的な共生関係（地域的な nature-culture complex ）、加えて人間の社会システムと自然的背景との複合状態など、質的、規模的に異なった関係性をすべて包摂しているのである。さらに言えば、共生社会システムという概念は「共生事態を構築するための社会システム」であると同時に「共生社会を持続させるためのシステム」でもあるわけで、それは現実の人間社会の隅々に広がって、さまざまな言葉で呼ばれている人間活動そのものなのである。

それゆえ、共生社会という言葉が持つ理念やそれを実現するために実践される方策の内実は、それを語る人の学問観や社会的諸活動に埋もれて見えにくく、「共生」という言葉の共有それ自体とは別に、世界を異なった感覚と経験で理解しようとする和解が困難な対立（非調和）の構造として捉えてしまっていることが少なくない。そのような事態を生み出す大きな原因の一つは、私たちが無自覚に、「世界はひとつ」と捉え、科学的事実としても曖昧な理解のままで「人類は *Homo sapiens* という単一（あるいは同質）の存在である」と考えるところから、多くの（すべての、とは言わないが）共生論が出発しているという点にあるのだろう。

現代社会は、多くの矛盾を孕みつつ、しかし概ねは、「共生可能なひとつの地球」の実現を模索していると言ってよいだろう。少なくとも国際連合（ＵＮ）は、共生を意味する内実であるとともにその前提でもある概念として「持続可能性」を前面に出して、SDGs（Sustainable Development Goals、持続可能な開発目標）を掲げて行動しつつある。それは MDGs（Millennium Develɔpment Goals、ミレニアム開発目標）に続く二〇一六年から二〇三〇年までの国際目標であり、その多様な取り組みと達成への道筋そのものが文化の多様性を前提とし、また文化の多様性を担保するという性格のものである。日本を始め、多くの国々において、持続的な開発目標に基礎づけられた経済活動、政治的協働と紛争の防止、文化保全、子どもの保護、そしてそれらを保障する社会を構築するための教育の推進が、積極的に進められようとしている。このような活動こそが未来の共生社会構築への基礎づくりとして重要であることは論を俟たない。

ところが他方では、特定の宗教的主張や政治志向、偏った文化価値の押しつけによって、文化の多様性を否定し、国民合意による主権の表明や民族固有の文化理解を否定するような行動が、世界の至るところで暴発し、あるいは蔓延し、言葉の真なる意味における「共生」はグローバルにもローカルにも保障されるところとはなっていないのが現状であろう。

私たちは「人間を差別してはならない」という純粋だが単純な思考に支配されて、すべての人類社会を無原則に「同等的価値を持つもの」と理解しようとする。しかし、現実の少数民、先住民社会を知ることなしに、そのような「とりあえず」的な理解で「平等観」を持つことは不十分であるばかりか、正しくないことでさえある場合を想定しておかねばならない。たとえば、ボツワナのブッシュマン社会（田中 2008, 2017 など）では、国の近代化政策と少数民への支援策が強化されるのと対蹠的に民族固有の生活様式は急激に失われ、生活目標は人口の増大とは裏腹に個々の人々から喪失してゆく。極端な乾燥地域であるボツワナ・カラハリ地域では水利用を支援するために掘られた井戸を中心に、人々の生活重心が歪（いびつ）に移動し、さらに加えて食糧の供給などの支援策が、彼らの生活の基盤を、狩猟採集民としての小集団による移動生活から定住、さらには集住へと変貌させていったのである。小学校の建設といった積極的な支援策でさえ、本来のブッシュマンの生活様式（そのようなもともとの生活が優れてよかったと言っているわけではない）とそこに凝集された彼らのアイデンティティを丸ごと失わせていったようである。このような近代化に伴う文化喪失の現象は何もブッシュマンが特別に担わされた問題であるというわけではなく、世界中の少数民族、とりわけ経済的に新興国家としての歩みを進めて近代化に努力した国々において、しばしば顕著に認められることである。人は誰でも基本的に最新の技術と現代の時代精神に裏打ちされた文化的な生活を送る権利を持っている。とはいうものの、そのことが歴史を伴って持続してきたそれぞれに固有の文化的生活を喪失してよいという理由にはならない。もちろんそのような変化を受容するもしないも、すべてその人間集団の自己決定によって決められるべきである。しかし、現実には、消費物と生活の考え方の流れがグローバルになり、それはあたかも誰においても自由度が増大したかのようにも見えるものの、実際には強者の論理による一元化の面が強固に表れている場合が多いのであって、そういう世界で、「さあ皆さん自分のことは自分で選び取りましょう」と呼びかけられたからといって、何を基準に自己決定することができるのだろうか。

いかに生きるか

多文化共生時代の可能性と未来を考えるにあたって、多文化共生時代が持つ豊かな共生社会のイメージを描くとどのようになるであろうか。多文化共生の前提となる自然観や自然との対話、自然の多様な利活用などの視点から、また、多言語文化主義に支えられる多様な人間表現のあり方やそこから生まれる多文化社会における共生のあり方を考える必要があるだろう。さらには、そのような多文化時代をグローバルに支える枠組みとして、二〇一六年から国連の提唱によって推進されているSDGsの持つ役割の重要性を正しく評価しなければならない。しかしそれは最近の日本で見られるような、官民挙げて、公私の別なく、おとなも子どもも、活動のキャッチフレーズの如くに、あるいは免罪符のように、SDGsが用いられることを是としているわけではない。ましてやSDGsを企業の宣伝文句に矮小化してはならないのである。

多文化はローカルな生活の積み重ねとそれを支える試みによって個別に守られ、実現する。しかし、それは決して文化の孤立主義を意味するものであってはならない。多文化を豊かに支えていくためには、地域社会で固有に創造され、保全されていくかけがえのない文化を、地球規模で守り、支えていく取り組みと仕組みがなくてはならないのである。しかもそれは、誰かが準備してくれるものではなく、それぞれの地域で自らの文化を考える中で醸成されていくものであらねばなるまい。多文化時代の新たな地平は、自然と向き合い、自然をすら再創造する人間力と、自己や他者の言葉やコミュニケーションの独立性と人間としての連続性を共有する知性、さらにはそれらを地球市民として共通の基盤において受け止めるグローバルな社会システムによって構築されるのである。

人間活動の場としての地球上の世界は、民族の数だけ、文化の数だけ、多様に分割可能である。他方、現代は幾重にも重層化された差異のシステムを越えて、一つの精神によって包括的に統合されることが期待されている。その精神の中心に「平和」がデンと座っているはずである。世界中でそのような平和を希求し、さまざまなレベルでの違いを超えて、人類が一つのものとして統合されるということに、異議を差し挟む者はいないし、何らの障害もそこには存在していないはずである。にもかかわらず、豊かさへの競争はますます激化し、富と権力の集中への志向はとどまるところを知らない。それは個人のレベルから国家のレベルまで一様に拡散し、誰がどのレベルにおいて他者を犠牲にした自己主張を繰り広げているのかさえ定かではないように見える。そこでは多様性に対する相対主義的寛容は消え失せ、二一世紀的論理と暴力装置を伴って一九世紀的「自由」競争が再現されている。何もことさら新自由主義などという名称を与えるまでもなく、そこに存在するのは自由な競争の飽くなき正当化でしかない。しかし、自由というのは誰にでも公平にかつ前提的に存在しているわけではない。ここで社会の階層化や不平等にまで議論を広げる紙幅はないが、現代社会の多文化共生を困難にしている元凶が、経済の認識における先進諸国中心主義（あるいは大国主義と言った方が適当か）にある（湖中・太田・孫編 2018）ことだけは指摘しておきたい。

人間は文化だけでは飯を食っていくことができないと、多くの人が思い込んでいる。それはその通りである。もっともそこでいう文化とは何かということが、実は精確に定義されたことはほとんどないと言ってもよいのではないだろうか。経済活動それ自体も、現実には重要な文化要素であり、それゆえに人間活動あるいは生計活動（サブシステンス）の中心に位置しているのである。ただし、経済活動とは何を指しているのかということになると、考え方は大きく対立的になる。マルクスは、つまるところ生産力の発展こそが歴史の真の動因であり、この発展にはほとんど限界がないと考えていたに違いない。しかし、現代の利口な消費者たる私たちは、消費こそが経済の中心であり、資本主義的な生産の結果を消費が否応なしに引き受けているわけではない、ということをよく知っている。そうだとすれば、それぞれの文化が必要とするものが経済の中心とならなければおかしいのではないか。多様な文化を身にまとったそれぞれ固有の社会において、富の公正な意味における消費、分配、贈与といった行為が、互酬的精神に基づいて実践されれば、共生社会の基盤はいかなる社会的体系においても十全に成立するはずである。そのような実践例を、私たちの身近なところから創出していこうではないか。かつてサルの世界を歩んでいた私たちはヒトから人間へのプロセスを歩んでここまでやってきた。私たちの生き方をもう一段高みへと昇華するために、自然の力を十分に利用した持続性のある農業、一方的な収奪を放棄するところから再生する漁業、自然の再構成と人間の生活基盤を見据えた林業、自らの文化的特徴を生かした生活で循環する小規模で独立した地域活動、さまざまな強みや弱みを身にまとった人々が互いに普遍的な互酬の世界を構築する共生社会を創造していこうではないか。すべての成否は私たちの今の、そしてこれからの行動（生き方）にかかっているのだ。

図．中南米における筆者の主な霊長類調査地

コロンビア・MACARENA（マカレナ、ティニグア国立自然公園）
パナマ・BCI（Barro Colorado Island、パナマ運河地帯、スミソニアン熱帯研究所）
ブラジル・PANTANAL（パンタナルマットグロッセンス国立公園、熱帯湿地保護区）
グァテマラ・TIKAL（ティカル国立公園）

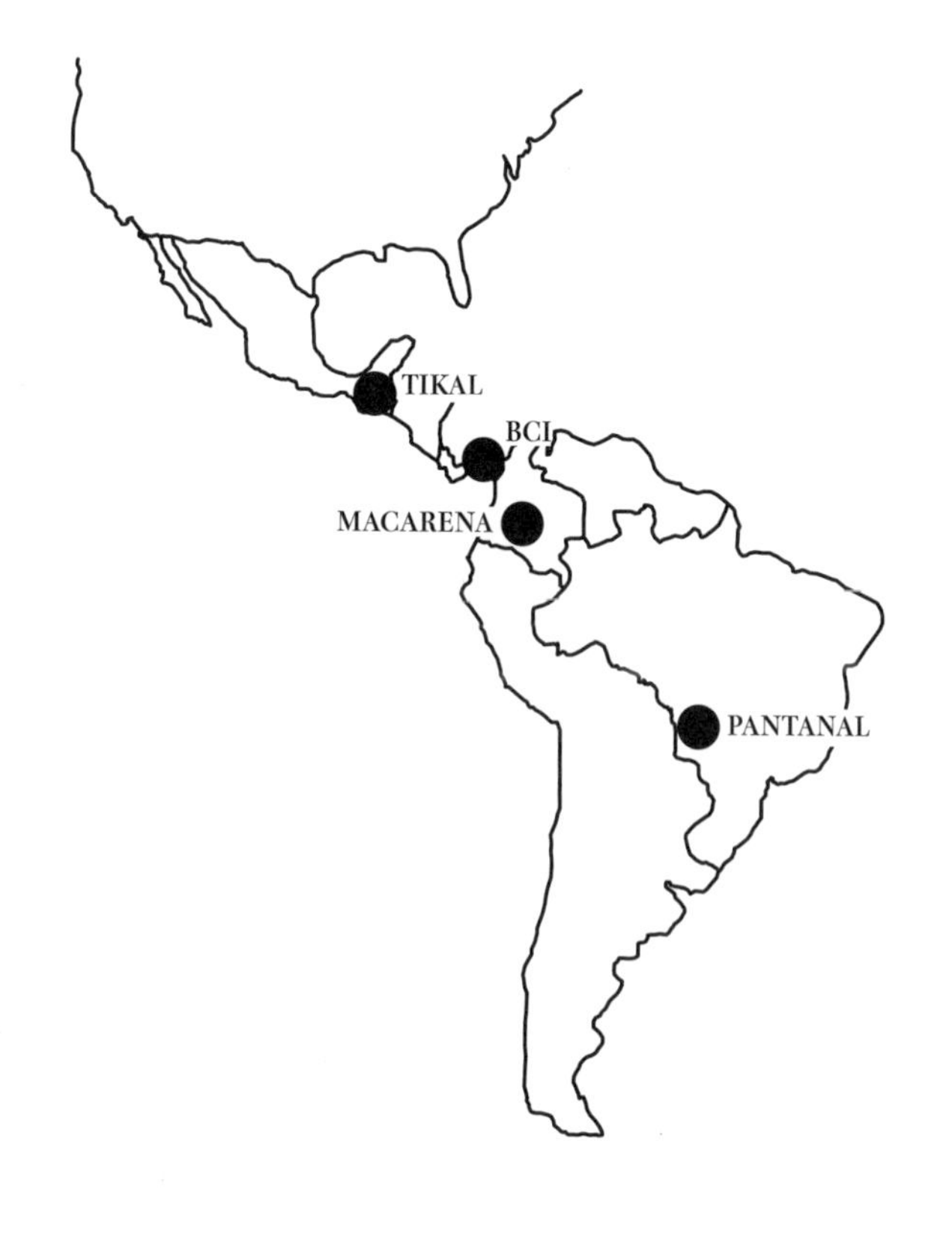

①霊長類調査地図

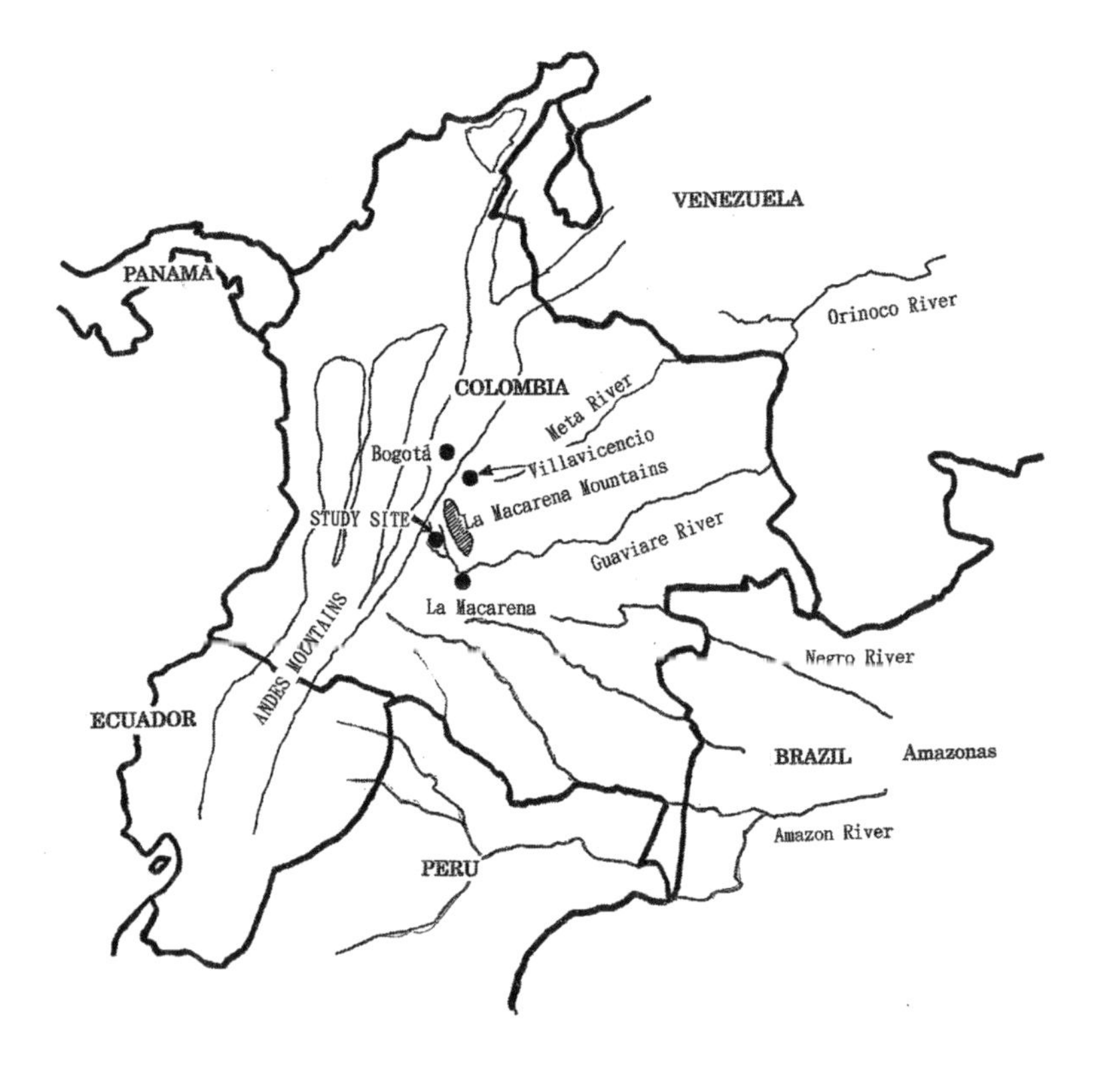
VENEZUELA
PANAMA
Orinoco River
COLOMBIA
Meta River
Bogotá
Villavicencio
La Macarena Mountains
STUDY SITE
Guaviare River
La Macarena
ANDES MOUNTAINS
Negro River
ECUADOR
BRAZIL
Amazonas
Amazon River
PERU

②マカレナ周辺地図

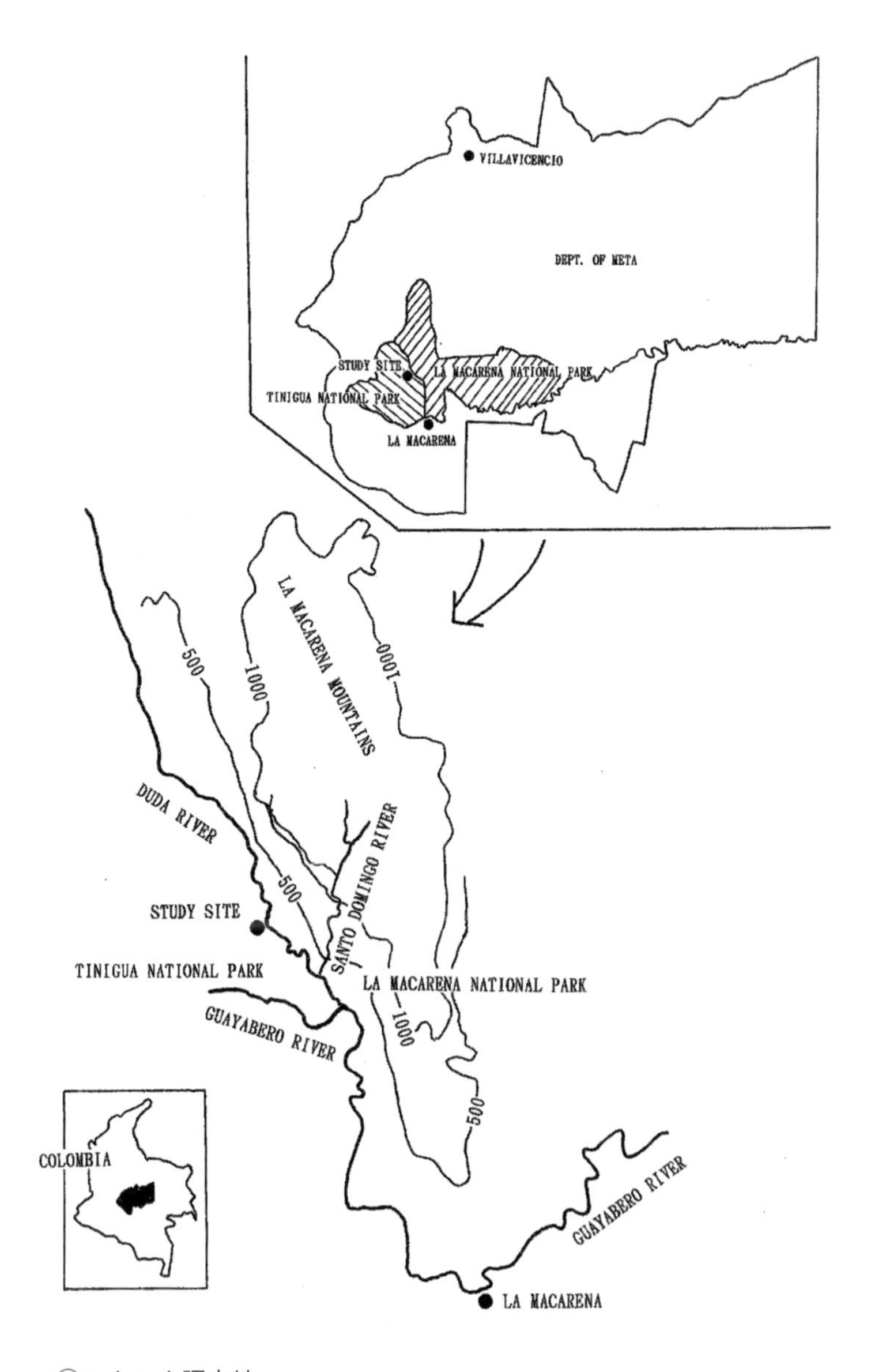
VILLAVICENCIO
DEPT. OF META
STUDY SITE
LA MACARENA NATIONAL PARK
TINIGUA NATIONAL PARK
LA MACARENA
LA MACARENA MOUNTAINS
1000
500
DUDA RIVER
SANTO DOMINGO RIVER
STUDY SITE
TINIGUA NATIONAL PARK
LA MACARENA NATIONAL PARK
GUAYABERO RIVER
COLOMBIA
GUAYABERO RIVER
LA MACARENA

③マカレナ調査地

あとがき

本書は私が名古屋学院大学を定年退職する前の十数年に書き継いできた文章をひと纏めにしたものである。サルのこと、自然観察のこと、ヒトとサルの比較に関すること、人間の生活に関わること、さらには、最近はようやく一般的な用語となった共生と共生社会に関する考察など、あれこれ取り留めのない、研究者としてみれば何が本筋なのかわからないような、よく言えば多様な思考の蓄積が、ただそこにずっしりと澱んでいる。そこで本書のタイトルを『サルはさよならを言わない――「共生」社会への視座』とした。

五十年来、サルの生活を眺めて生きてきた。そのことに悔いはない。悔いがないどころか、サルを眺めて暮らすことが、私の生活の一切を支えてきてくれたことを、今更のように、驚きと感謝をもって、見つめ直しているところである。大学の講義でも、科目の如何を問わず、いつもサルやジャングルのことが話題や事例として登場したので、学生諸君は、いい年をして長い髪の毛を振り乱し、時には派手なバンダナを巻き付けた髭面のおっさんを、呆けたような目で見つめていたものだ。こんな教員稼業を三七年間も許してくださった同学の理事、教職員の皆様方、そして何よりも私に関わってくれた延べ数万人の学生諸君に、心からのお礼を申し上げたい――そんな思いを込めて、これまで書き散らかしてきた拙文を取り纏めて書籍にすることを思いついたのである。思いついたのは退職直後のこと、二〇二〇年の春であった。しかしその思いは私の頭の中で「右往左往」するだけで形にはならず、コロナ禍中という絶好の言い訳もあって、そのまま時間が経過していった。私自身は新型コロナウイルス感染症 COVID-19 に感染することもなく、ひたすら不要不急の外出を控え、自重していた。もっとも定年退職後の私には不要不急でない用務など何もなく、ある意味で呆然として過ごしていたわけであった。退職したら、これまで駆け巡ってきた世界各地を再訪しようという計画も無残に消え去り、「早く旅行を実行しないと齢で動けなくなるよ」という周囲のいらぬおせっかいも聞こえるものの対抗のしようもなく、さらに時間は駆け足で去っていくのであった。思い返せば二〇一九年六月、私の満七〇歳の誕生日をグァテマラはティカルの熱帯雨林の中で、珍しく妻と二人で、ホエザルたちの咆哮に包まれながら過ごすことができたのは僥倖であったと言わねばなるまい。そんな私がついに「本を出そう！」と声を上げたのは二〇二一年も秋に入る頃で、同時に一つの問題に気づいて、はたと困ってしまった。こんな誰にも喜ばれない長大な文章をどのように印刷に付したらよいのだろう。今どきのことだから、そのままどこかのWEB上にでもアップしたら、わずかでもこれまでの仕事の証になるという考えもふっと浮かんだが、それでは私の脳みそがあまりにもかわいそうな気がしたから、この発想はすぐにキャンセルした。次に考えたのはどこかの印刷屋さんにこっそりとお願いして個人的なノートを作成することであった。そのつもりでいくつかの関係者にお尋ねしたところ、なんと本にして出版してくださりそうな出版社が見つかった。すでに七二歳も過ぎて数か月がたっていた。簡単に取り纏めた原稿をお見せして、どうにか印刷にこぎつける段取りだけはできたあたりで、それからさらに一年も足踏みしてしまった。昔から私はたくさんの文章を書くことに慣れていたので、書きためた文章をそのまま纏めて出版社に託することなど、たやすいことだと思っていたのだけれど、私にはこれまた昔から悪い癖があって、書き上げた原稿をいつまでも手元において、「あーでもない、こーでもない」とこねくり回すのである。だからといって推敲を重ねてだんだんと文章が向上していくというものでもなく、ただこねくり回して、本人もそれまでの威勢のよさはどこかに吹き飛んで、「こんな文章に価値はあるのか？」と自問し、どこかの広告のように「そこに愛はあるのか？」などと意味のない思いに耽って、これまた時間をつぶすのであった。

それでも、二〇二二年もすでに年末が近づいて、ようやく本文を出版社にゆだねることができ、それから半年以上の時間をかけて、樹林舎編集部の皆様の手によって、ようやく書籍としての体裁を整えていただけたのである。ひどい寒波の冬と史上最悪といわれる猛暑の夏を耐えて、私たちの生きる基盤たる地球環境を掘り崩しつつある人間の性を、私自身が当事者として受け止める本を世に問えることを、私はとてもうれしく思っている。これからの時代を通して、人類が、もう一度、自然を見つめ、自然と寄り添い、私たちの地球を私たちの手に取り戻す行動を、これからも進めていく。本書がそのスタートラインとして役立つことを心から望むものである。本書を纏めて形にすることを慫慂し、気長に原稿を待ち続けてくださった樹林舎の折井克比古編集長、丹念に原稿を読み込んで本書のタイトルを考え、たくさんの有意義なコメントをくださった三輪由紀子さんはじめ、樹林舎・人間社の皆様に、心からの感謝の意をささげるものである。

二〇二三年十月

木村光伸

初出一覧

本書の各章は第1章を除き、下記の小論を基に部分修正・加筆され、または書き改められたものである。

1 自然のありようを考えて五〇年

本書のための書き下ろし

2 サルから何を学ぶか

原題 サルらしさとヒトらしさ

『人間はどこにいくのか』総合人間学1 総合人間学会編 学文社 204-208. 2007.

3 社会行動の初期個体発生

原題 ニホンザルにおける社会行動の初期個体発生について

名古屋学院大学年報22：1-13. 2009.

4 行動の社会化と共同性の発達

原題 行動の社会化と共同性の発達

名古屋学院大学論集、人文・自然科学篇55（1）：1-14. 2018.

5 人間らしい教育の前提としての生物的な発達・学習

原題 人間らしい教育の前提としての生物的な発達・学習―ヒトの育ちをサルから考える

『人間にとって学び・教育とはなにか』総合人間学11 総合人間学会編 ハーベスト社 13-34. 2017.

6 多様な共生事態

原題 共生概念の再検討

名古屋学院大学研究年報29：35-48. 2016.

7 人間社会の諸問題

原題 共生概念の再検討

名古屋学院大学研究年報29：35-48. 2016.

8　ホエザルの集団構成と社会構造

原題　アカホエザルの集団構成と社会構造
――コロンビア・マカレナ熱帯季節林における長期観察の総括として――　名古屋学院大学年報31：1-18. 2018.

9　霊長類の社会構造における多様性

原題　霊長類の社会構造における多様性が意味すること
名古屋学院大学論集、人文・自然科学篇56（2）：1-2). 2020.

10　ヒトの中のサルとサルの中のヒト

原題　総合人間学の課題と方法
総合人間学第9号（電子版）：86-97. 2015.

11　人間らしさの生態的基礎

原題　人間らしさの生態的基礎
『3・11を総合人間学から考える』総合人間学7　総合人間学会編　学文社 128-140. 2013.

12　共生社会理念の自然科学的枠組み

原題　共生社会理念の自然科学的枠組み―生物学からのアプローチ―
『共生社会I ――共生社会とは何か――』　亀山純生・木村光伸編 農林統計出版 181-196. 2016.

13　共生社会はどこを目指すのか

原題　共生社会はどこを目指すのか
『共生社会システム研究 12』巻頭言 共生社会システム学会 1-8. 2018.

Vidal-Garcia, F. and J.C. Serio-Silva,

2011 Potential distribution of Mexican primates : rating ex the ecological niche with the maximum entropy algorithm. Primates, 52(3):261-270.

Vitazkova, S.K. and S.E. Wade,

2012 Free-ranging black howler monkeys, Alouatta pigra, in southern Belize are not parasite by Controrchis Biliophilus. Primates, 53 (4) :333-336.

Ward, A.,

2004 Attention : A Neuropsychological Approach. Psychological Press.

White, T. D.,

2006 Asa Issie, Aramis and the origin of Australopithecus. Nature, 440:883-889.

Wilson, E. O.,

1975 Sociobiology:The New Synthesis. Harvard Univ. Press. 坂上昭一 他(訳)『社会生物学』1983, 思索社 .

1992 The Diversity of Life. 大貫昌子・牧野俊一（訳）『生命の多様性』2004, 岩波現代文庫 .

山極寿一 ,

1994 『家族の起源－父性の登場』東京大学出版会 .

2006 『サルと歩いた屋久島』山と渓谷社 .

2008 『人類進化論』裳華房 .

2012 『家族進化論』東京大学出版会 .

Yumoto, T., K. Kimura and A. Nishimura,

1999 Estimation of retention times and distances of seed dispersal by two monkey species, Alouatta seniculus and Lagothrix lagothricha, in a Colombian forest. Ecological Research, 14:179-191.

安田喜憲 ,

1987 『世界史のなかの縄文文化』雄山閣出版.

Smith, J.D.,

1970 The systematic status of the black howler monkey, Alouatta pigra Lawrence. J.Mammal., 51（2）:359-369.

Springer, M.S. et al.,

2012 Macroevolutionary dynamics and historical biogeography of primates diversification inferred from a species super matrix. ProS One, 7:e49521.

Suwa, G. et al.,

1996 Mandibular postcanine dentition from the Shungura Formation, Ethiopia:Crown morphology taxonomic allocationa, and Plio-Pleistocene hominid evolution, American J. Phys. Anthropol., 101:247-282.

諏訪　元 ,

2002 中新世末から鮮新世の化石人類－最近の動向－ , 地学雑誌：816-831.

田中二郎 ,

2008 『ブッシュマン、永遠に』昭和堂 .

2017 『アフリカ文化探検』京都大学学術出版会 .

高畑由起夫 , 山極寿一編著 ,

2000 『ニホンザルの自然社会』京都大学学術出版会 .

Thornton, S.,

2002 Growing Minds:An Introduction to Cognitive Development. Palgrave Mecmillan.

Tricone, F.,

2018 Assessment of releases of translocated and rehabilitated Yucatan black howler monkeys（Alouatta pigra）in Belize to determine factors influencing survivorship. Primates, 59（1）:69-77.

辻大和 , 中川尚史編 ,

2017 『日本のサル』東京大学出版会 .

Universidad Nacional de Colombia,

1989 La Macarena: Reserva Biologica de la Humanidad, Territorio de Conflictos. Centro Editorial, Universidad Nacional de Colombia.

Van Belle,S., et.al.,

2010 Observed infanticides following a male immigration event in black howler monkeys, Alouatta pigra, at Palenque National Park, Mexico. Primates, 51（4）:279-284.

Víctor A-R, I. M. González-Perez, A. Garmendia, M. Solà and A. Estrada,

2013 The relative impact of forest patch and landscape attributes on black howler monkey populations in the fragmented Lacandona rainforest, Mexico. Landscape Ecology, 28（9）:1717-1727.

Pavelka Mary, S.M. and K.K. Houston,

2004 Diet and activity in black howler monkeys（Alouatta pigra）in southern Belize : does degree of frugivory influence activity level ? Primates, 45（2）:105-111.

Pozo-Montuy, G. and J.C. Serio=Silva,

2007 Movement and resource use by a group of Alouatta pigra in a forest fragment in Balancan, Mexico. Primates, 48（2）:102-107.

Rand, A.S.,

1964 Ecological distribution in Anoline lizards of Puerto Rico. Ecology, 45:745-752.

1967 Ecology and social organization in the Iganid lizard Anolis lineatopus. Proceeding of the United States National Museum. 122:1-79.

Rand, A.S. and E.E. Williams,

1970 An estimation of redundancy and information content of anole dewlaps. American Naturalist. 104:99-103.

Rodriguez, J.V.,

1993 Desarrollo integrado de Uniandes de conservacio y el papel de los programa nacionales de primatologia. In : Primo Arambulo Ⅲ , et al.（eds.）Primates de las Americas. 241-245.

Schlichte,H.,

1978 A preliminary report on the habitat utilization of a group of howler monkeys（Alouatta villosa pigra）in the National Park of Tikal, Guatemala. In : Montgomery, G. G.（ed.）The Ecology of Arboreal folivores, Smithsonian Institution.

Science（ed.）,

2009 Special edition : Ardipithecus. Science, 326（5949）, 2 October 2009.

Serio-Silva, J.C., et al.,

2015 Cascading impacts of anthropogenically driven habitat loss : deforestation, flooding, and possible lead poisoning in howler monkeys（Alouatta pigra）. Primates, 56（1）:29-35.

瀬戸口烈司 , 渡辺毅 , 近藤四郎 ,

1981 南米ザルは偽似ハイポコーンを持っているか . 人類学雑誌 , 89: 7-26.

1983 ホエザルの上顎臼歯の個体異変と臼歯の構造から見た南米ザルの系統 . 人類学雑誌 , 91: 1-10.

篠田謙一 ,

2022 『人類の起源 古代 DNA が語るホモ・サピエンスの「大いなる旅」』中公新書 .

Mesoudi, A.,

2011 Cultural Evolution. The University of Chicago Press.

Milton, K.,

1977 The foraging strategy of the howler monkey in the tropical forest of Barro Colorado Island, Panama. Ph D. Dissertation, New York University.

1982 Density quality and demographic regulation in a howler monkey population. In：The Ecology of a Tropical Forest. Smithsonian Institution Press.

Molano, A. et al.,

1988 Yo Le Digo Una de Las Cosas …, Corporacion Araracuara.

水原洋城 ,

1971 馬乗り論序説． 季刊人類学 , 2（4）．

1971 『サルの国の歴史』創元新書 .

1981 『ニホンザル行動論ノート』どうぶつ社 .

1986 『サル学再考』群羊社 .

1988 『猿学漫才』光文社 .

Morwood, M. and P. Oosterzee,

2007 The Discovery of the Hobbit:The Scientific Breakthrough that Changed the Face of Human Histority, A.M.Heath & Co.Ltd.

Nakagawa et al, Eds.,

2010 The Japanese Macaques. Springer.

日本生態学会編 ,

2004 『生態学入門』東京化学同人 .

西田利貞 , 上原重男 , 川中健二（編）,

2002 『マハレのチンパンジー』京都大学学術出版会 .

Nishimura, A., K.Izawa and K.Kimura,

1995 Long-term studies of primates at La Macarena. Primate Conservation, 16:7-14.

荻野和彦 , 木村光伸 ,

1972 幸島群の遊動について.「幸島のニホンザルの保護に関する研究会（京都大学霊長類研究所）」(1971,10. 口頭発表).

Ostro, L.E.T.,

1999 Ranging behavior of translocated and established groups of black howler monkeys Alouatta pigra in Belize, Central America. Biol. Conserv., 87:181-190.

2001 Shifts in social structure of black howler（Alouatta pigra）groups associated with natural and experimental variation in population density. Int, J. Primatol., 22:733-748.

Knopff, K.H., et al.,

2004 Observed case of infanticide committed by resident male Central American black howler monkey (Alouatta pigra) . Am. J. Primatol., 63:239-244.

湖中真哉 , 太田至 , 孫暁剛（編）,

2018 『地域研究からみた人道支援』昭和堂 .

陸　斉 ,

1990 サルはサルについていく . 新釈どうぶつ読本（別冊宝島 119）, 166-173.

Losos, J.B.,

2017 Improbable Destinies：Fate, Chance, and the Future of Evolution. Riverhead Books. 的場知之（訳）『生命の歴史は繰り返すのか？』2019, 化学同人.

前田嘉明 ,

1980 転位行動論－比較行動学の立場から－ . 大阪大学人間科学部紀要 ,6:1-34.

Maestripieri,D.,

2007 Macachiavellian Intelligence. 木村光伸（訳）『マキャベリアンのサル』2010, 青灯社 .

Manly et al.,

2002 The differential assessment of children' s attention. J.Child Psychol. Psychiat.and Allied Discipl., 42:1065-1081.

Mann, C. C.,

2005 1491: New Revelations of the Americas before Columbus. 布施由紀子（訳）『1491：先コロンブス期アメリカ大陸をめぐる新発見』2007, 日本放送出版協会.

Matsuzawa,T., Tomonaga,M., Tanaka,M.（Eds.）,

2006 Cognitive Development in Chimpanzee.Springer.

Mayr, E.,

1997 This is Biology:The Science of the Living World. 八杉貞雄・松田学（訳）『これが生物学だ：マイアから 21 世紀の生物学者へ』1999, シュプリンガー・フェアラーク東京 .

Mejia, C. A.,

1995 Fauna de la Serranía de La Macarena. Amazonas. Editores y Ediciones Uniandes.

Meadows, D.H.,

1972 The Limits to Growth. The Club of Rome. 大来佐武郎（監訳）『成長の限界－ローマクラブ「人類の危機」レポート』ダイヤモンド社 .

Merleau-Ponty,

1964 Le Visible et L' invisible. Editions Gallimard, Paris. 滝浦静雄・木田元（訳）『見えるものと見えないもの』1989, みすず書房 .

1993　マカレナ熱帯季節林の環境構造．名古屋学院大学研究年報，6：241-251.

1994a　マントホエザルの集団構造についての一試論．名古屋学院大学研究年報，7：139-146.

1994b　オマキザル類の社会．生物科学，46（2）：89-94.

1998　中国における少数民族文化と自然環境に関わる地域生態試論－チベットと新疆ウイグル自治区をモデルに－．『中国に関わる地域総合情報の体系的整理．平成9年度文部省科学研究費補助金：国際学術研究（学術調査）研究成果報告書』33-45.

1999　中国内蒙古自治区における地域生態特徴と牧民の生活について．『中国に関わる地域総合情報の体系的整理．平成10年度文部省科学研究費補助金：国際学術研究（学術調査）研究成果報告書』41-52.

2000　野生クモザルMB-2群におけるパーティー形成についての一考察．『新世界ザル・クモザル社会の離合集散性とその適応的意味に関する研究』（平成9～11年度文部省科学研究費補助金：基盤研究A2，研究成果報告書）113-120.

2005　マカレナの森と7種のサル－熱帯林における霊長類の同所性・歴史性・多様性をめぐって－．名古屋学院大学論集，人文・自然科学篇，41（2）:1-20.

2006a　霊長類社会論をめぐるモノローグ．名古屋学院大学研究年報，19:29-43.

2006b　自己へ向かう怒り－代償行為の比較行動学的理解のために－．名古屋学院大学論集，人文・社会科学篇，43（1）:1-9.

2011a　Alouatta pigraの生態学的位置について．名古屋学院大学研究年報，24:25-31.

2012a　コロンビア・マカレナ調査地とアマゾン熱帯林研究－長期にわたる定点調査の意味と限界、そして将来－．名古屋学院大学論集，人文・自然科学篇，48（2）:107-118.

2012b　フィールドワークにおける国際研究支援活動と危機管理のあり方－コロンビアのVIOLENCIAを乗り越えて－．名古屋学院大学研究年報，25:41-52.

2013　人間らしさの生態的基礎．総合人間学7（電子版）: 84-92.

2016　改訂『地域生態論』晃洋書房.

2018a　行動の社会化と共同性の発達．名古屋学院大学論集，人文・自然科学篇，55（1）: 1-14.

2018b　アカホエザルAlouatta seniculusの集団構成と社会構造－コロンビア・マカレナ熱帯季節林における長期観察の総括として－．名古屋学院大学研究年報，31:1-18.

2020　霊長類の社会構造における多様性が意味すること．名古屋学院大学論集，人文・自然科学篇，56（2）:1-20.

Jolly, A.,
1972 The Evolution of Primate Behavior. Macmillan.
河合雅雄,
1964 『ニホンザルの生態』河出書房新社.
川那部浩哉,
1996 『曖昧の生態学』人間選書,農山漁村文化協会.
Kimura, K.,
1988 Forest utilization for food resources of Japanese monkeys at Koshima islet. The Nagoya Gakuin Univ. Review (Ser. Humanities and Natural Sciences), 25: 25-50.
1989 The local community of wild black-capped capuchins. Annual Report of the Institute of Industrial Science, Nagoya Gakuin University, 2: 261-271.
1992 Demographic approach to the social group of wild red howler monkeys (Alouatta seniculus). Field Studies of New World Monkeys, La Macarena, Colombia, 7: 29-34.
1997 Males' life history and their relations of wild red howler monkeys. Field Studies of Fauna and Flora, La Macarena, Colombia, 11: 35-40.
1999 Home range and inter-group relations among the wild red howler monkeys. Field Studies of Fauna and Flora, La Macarena, Colombia, 13:19-24.
Kimura, K., A. Nishimura, K. Izawa and C. A. Mejia.
1994 Annual changes of rainfall and temperature in the tropical seasonal forest at La Macarena Field Station, Colombia. Field Studies of New World Monkeys, La Macarena, Colombia, 9: 1-3.
木村光伸,
1973 白山のニホンザル.モンキー,17(5):1-8.
1977 フサオマキザルを追って. モンキー, 153/154:14-21.
1978 下北A群の個体数変動.『ヒトとサル共存の道 − 北限のニホンザルの保護に関する調査 中間報告』(脇野沢村教育委員会〔青森県〕).
1983a ニホンザル研究における諸問題−「関係」概念の成立をめぐって−. 名古屋学院大学論集,19(2):33-50.
1983b ニホンザル未成熟個体の社会的行動−生後6ヶ月未満における攻撃的行動の発現と発達.日高敏隆編『動物行動の意味』東海大学出版会.
1984 ニホンザル未成熟固体の社会的交渉−母子隔離実験小集団の観察から−.名古屋学院大学論集,人文・自然科学篇,20(2):151-166.
1990 サルの社会性と個体性−ニホンザルの社会的発達の事例から−.『新釈どうぶつ読本』JICC出版局.
1991 給餌条件下で観察されたフサオマキザルの群間関係. 名古屋学院大学研究年報, 4:127-136.

1986 Geographical distribution of the black howler (Alouatta pigra) in Central America. Primates, 27 (1) :53-62.

Horwich, R.H. and K. Gebhand,

1983 Roaring rhythms in black howler monkeys (Alouatta pigra) of Belize. Primates, 24: 290-296.

今西錦司,

1941 『生物の世界』弘文堂.

1949 『生物社会の論理』毎日新聞社.

1951 『人間以前の社会』岩波書店.

1961 人間家族の起源－プライマトロジーの立場から－. 民族学研究, 25：119-138.

1966 『人間社会の形成』日本放送出版協会.

1968 『人類の誕生』河出書房.

1971 「日本動物記」の再刊によせて.『幸島のサル』日本動物記 3. 思索社.

1984 『自然学の提唱』講談社.

Izawa, K.,

1997 Stability of the home range of red howler monkeys. Field Studies of Fauna and Flora, La Macarena, Colombia, 11: 41-46.

1999 Social changes within a group of red howler monkeys, Ⅶ. Field Studies of Fauna and Flora, La Macarena, Colombia, 13: 15-17.

Izawa, K., K. Kimura and S. Nieto,

1979 Grouping of the wild spider monkey. Primates, 20: 503-512.

Izawa, K. and M.H. Lozano,

1991 Social changes within a group of red howler monkeys, Ⅲ. Field Studies of New World Monkeys, La Macarena, Colombia, 5: 15-17.

1994 Social changes within a group of red howler monkeys, Ⅴ. Field Studies of New World Monkeys, La Macarena, Colombia, 9: 33-39.

伊沢紘生,

1982 『ニホンザルの生態―豪雪の白山に野生を問う』どうぶつ社.

2009 『野生ニホンザルの研究』どうぶつ社.

伊谷純一郎,

1954 『高崎山のサル』日本動物記第 2 巻, 光文社.

1972 『霊長類の社会構造』生態学講座 20, 共立出版.

1987 『霊長類社会の進化』平凡社.

JCCSP-CIPM,

1992 The study site: a brief discripution. Field Studies of New World Monkeys, La Macarena, Colombia, 6: 1-2.

Johanson, D. C. and M. A. Edey,

1981 Lucy, the Beginnings of Humankind, St Albans: Granada. 渡辺毅(訳)『ルーシー － 謎の女性と人類の進化』1986, どうぶつ社.

Davies, N.B., J.R. Krebs and S.A. West,
1981 An Introduction to Behavioural Ecology. Blackwell Publishing Limited.

De Queiroz, A.,
2014 The monkey' s Voyage : How Improbable Journeys Shaped the History of Life. Basic Books, New York. 柴田裕之・林美佐子訳『サルは大西洋を渡った』2017, みすず書房 .

Elton, C. S.,
1958 The Ecology of Invasion by Animals and Plants. Methuen&Co. 川那部浩哉（訳）『侵略の生態学』1988, 新思索社 .

Estrada, A. et al.,
2002a Survey of black howler monkey, Alouatta pigra, population at the Mayan site of Palenque, Chiapas, Mexico. Primates, 43（1）:51-58.
2002b Population of black howler monkey（Alouatta pigra）in a fragmented landscape in Palenque, Chiapas, Mexico. Am. J. Primatol., 58:45-55.

Estrada, A., L. Luecke, S. Van Belle, E. Barrueta and M.R. Meda,
2004 Survey of black howler（Alouatta pigra）and spider（Ateles geoffroyi）monkeys in the Mayan sites of Calakmul and Yaxchilan, Mexico and Tikal, Guatemala. Primates, 45（1）:33-39.

Fleagle, j.g.,
1999 Primate Adaptation and Evolution. Academic Press.

Gómez, J.C.,
2004 Apes, Monkeys, Children, and the Growth of Mind. Harvard Univ, Press. 長谷川真理子（訳）『霊長類のこころ』2005, 新曜社.

Gould, S.J.,
1989 Wonderful Life：The Burgess Shale and the Nature of History. W.W.Morton.

Groves, C.,
2001 Primates Taxonomy. Smithsonian Institution.
2005 In Wilson, D. E., and Reeder, D. M.（eds）, Mammal Species of the World, 3rd edition, Johns Hopkins University Press.

Harlow, H. F.,
1971 Learning to Love, Albion Pub. Co.

Harman,O.,
2010 The Price of Altruism. 垂水雄二（訳）『親切な進化生物学者：ジョージ・プライスと利他行動の対価』2011, みすず書房 .

Horwich, R.H.,
1983 Species status of the black howler monkey, Alouatta pigra, of Belize. Primates, 24:288-289.

参考文献

Bateson, G.,

1972 Steps to an Ecology of Mind. Harper & Row Publishers. 佐藤良明（訳）『精神の生態学』1990, 思索社.

Baumgarten, A. and G.B. Williamson,

2007 The distributions of howling monkeys (Alouatta pigra and A. palliata) in southeastern Mexico and Central America. Primates, 48（4）:310-315.

Begon, M., J.L.Harper and C.R. Townsend,

2006 Ecology. 堀道雄（監訳）『生態学：原著第 4 版』2013, 京都大学学術出版会 .

Bolin, I.,

1981 Male parental behavior in black howler monkeys (Alouatta palliata pigra) in Belize and Guatemala. Primates, 22:349-360.

Bower,T.G.R.,

1976 Concepts of development. Paper read at 21st International Congress of Psychology, Paris.

バウアー , 岡本夏木他 ,

1984 『赤ちゃんは内的言語をもって生まれてきます』ミネルヴァ書房 .

Broun, P. et al.,

2004 A new small-bodied hominin from the Late Pleistocene of Flores, Indonesia. Nature, 431:1055-61.

Calixto-Perez, E., et al.,

2018 Integrating expert knowledge and ecological niche model to estimate Mexican primates' distribution. Primates, 59（5）:451-467.

Campbell et al.,

2013 Biology. 池内昌彦・伊藤元己・箸本春樹・道上達男（監訳）『キャンベル生物学』原書第 11 版 , 2018 丸善 .

Carpenter, C.R.,

1935 Behavior of red spider monkeys in Panama. J. Mammal., 16:171-180.

Crockett, C.M.,

1997 The relation between red howler monkey (Alouatta seniculus) troop size and population growth in two habitats. In : Norconk et al. eds. Adaptive Radiations of Neotropical Primates. Plenum Press.

Darwin, C,

1859 On the Origin of Species by Means of Natural Selection : or the Preservation of Favoured Races in the Struggle for Life.

著者紹介

木村光伸（きむらこうしん）

主な経歴

1949年　京都市生まれ

1973年　京都大学農学部林学科卒業（森林生態学）
財団法人日本モンキーセンター研究部研修員などを経て

1983年　名古屋学院大学経済学部講師・助教授

1987年　Smithsonian Tropical Research Institute（スミソニアン熱帯研究所、在パナマ）にVisiting Scientist 客員研究員として滞在

1987年　Universidad de los Andes（ロス・アンデス大学、コロンビア・ボゴタ）のProfesor asociado 客員教授としてマカレナ地域における日本＝コロンビア共同学術研究（生態学・霊長類学）に参加（2002年まで）

1998年　名古屋学院大学経済学部教授

2000年以降　名古屋学院大学学長、その後学部改組に伴い、人間健康学部の教授、リハビリテーション学部、国際文化学部の教授・学部長、学校法人名古屋学院大学常任理事などを歴任

2020年　同　退職

現　在　名古屋学院大学名誉教授

主な著作

『犬山市史 史料編二 自然』（分担執筆、犬山市教育委員会、1982年）

『岐阜・ふるさとと動物たち』（分担執筆、新聞連載後単行書として出版、岐阜日日新聞社、1982年）

『動物行動の意味』（共著、東海大学出版会、1983年）

『人類史の構図』（晃洋書房、1984年）

『人間論－心理学とその近接領域からのアプローチ－』（共著、酒井書店、1985年）

『比較文化研究の世界』（共著、学術図書出版社、1994年）

『「内村鑑三」と出会って』（共著、勁草書房、1996年）

『国際博覧会を考える－メガ・イベントの政策学－』（共著、晃洋書房、2005年）

『市民参加型社会とは－愛知万博計画過程と公共圏の再創造－』（分担執筆、有斐閣、2005年）

『世博会与国际大都市的发展』（分担執筆、復旦大学出版社、中国語、2007年）

『マキャベリアンのサル』マエストリピエリ著（翻訳、青灯社、2010年）

『地域生態論』（晃洋書房、2011年；同改訂版、2016年）

『共生社会Ⅰ－共生社会とは何か－』（共編・共著、農林統計出版、2016年）

『人間にとって学び・教育とはなにか』（共著、総合人間学11、ハーベスト社、2017年）

サルはさよならを言わない

——「共生」社会への視座——

2023年10月27日　初版1刷発行

著　者　木村光伸

発　行　樹林舎
〒468-0052　名古屋市天白区井口1-1504-102
TEL:052-801-3144　FAX:052-801-3148
http://www.jurinsha.com/

発　売　株式会社人間社
〒464-0850　名古屋市千種区今池1-6-13　今池スタービル2F
TEL:052-731-2121　FAX:052-731-2122
e-mail:mhh02073@nifty.com

印刷製本　モリモト印刷株式会社

ISBN 978-4-911052-02-0
＊定価はカバーに表示してあります。
＊乱丁・落丁本はお取り替えいたします。